羹汤教科书

美食教科书团队◎主编

吉林科学技术出版社

图书在版编目(CIP)数据

羹汤教科书 / 美食教科书团队主编 . -- 长春 ： 吉
林科学技术出版社，2020.12
　　ISBN 978-7-5578-7770-5

　　Ⅰ．①羹… Ⅱ．①美… Ⅲ．①汤菜 - 菜谱 Ⅳ.
① TS972.122

中国版本图书馆 CIP 数据核字 (2020) 第 199779 号

羹汤教科书
GENGTANG JIAOKESHU

主　　编	美食教科书团队
出 版 人	宛　霞
责任编辑	朱　萌　丁　硕
封面设计	吉广控股有限公司
制　　版	长春美印图文设计有限公司
幅面尺寸	167 mm × 235 mm
开　　本	16
印　　张	15
字　　数	200 千字
印　　数	1-5 000 册
版　　次	2020 年 12 月第 1 版
印　　次	2020 年 12 月第 1 次印刷

出　　版	吉林科学技术出版社
发　　行	吉林科学技术出版社
地　　址	长春市福祉大路 5788 号
邮　　编	130118
发行部电话 / 传真	0431-81629529　81629530　81629531
	81629532　81629533　81629534
储运部电话	0431-86059116
编辑部电话	0431-81629518
印　　刷	吉广控股有限公司

书　　号	ISBN 978-7-5578-7770-5
定　　价	39.90 元

羹汤是中国饮食中最为普通的食馔，有着极其久远的历史。羹汤作为我国的菜肴的一个重要组成部分，具有非常重要的作用。也是各种菜式中最富营养、最易消化的品种之一。

天南地北，寒来暑往，中国人都少不了一口汤。中国人喝汤向来讲究餐前喝汤为宜：一来有利于调动消化系统，帮助消化；二来可以补充体内的水分，保护胃肠；三来热量低，有饱腹感，可以控制食量。总之，喝汤可以使人通达顺畅、温暖身体。

汤作为一种美味载体，在我国饮食文化中显示出它独有的耀眼的光泽，但它本身所具有的魅力还不仅限于饮食营养。汤更是一种感情的表达，一份爱的传递。

忙碌时喝一碗温汤，就像是冬日里的一缕阳光，温暖着你的心田；闲暇时喝一碗甜汤，就像蛋糕上的绵密奶油，甜蜜着你的生活。

本书包含了美味肉汤、水产鲜汤、禽类靓汤、素菜清汤、糖水甜汤共五大章节，无论你喜欢哪种口味都能在这里找到你需要的。

让《羹汤教科书》点亮你的煲汤技能，让温暖继续传递。

目录

◀◀◀◀◀◀◀◀◀◀◀◀◀◀ **美味肉汤** ▶▶▶▶▶▶▶▶▶▶▶▶▶▶

水产鲜汤 ◀◀◀◀◀◀◀◀◀◀◀◀◀ ▶▶▶▶▶▶▶▶▶▶▶▶▶

◀◀◀◀◀◀◀◀◀◀◀◀◀ 禽类靓汤 ▶▶▶▶▶▶▶▶▶▶▶▶▶

素菜清汤

糖水甜汤

美味肉汤

冬瓜猪肉
丸子汤

食 材

猪肉	300 克
冬瓜	150 克
香葱末	适量
姜	适量
鸡蛋	1 个
淀粉	2 汤勺
盐	适量
粉丝	25 克
枸杞子	6 克

制 作 过 程

①

冬瓜去皮，切滚刀块。

②

姜切成姜末。

③

猪肉剁成肉馅；将肉馅放入大碗中，磕入一个鸡蛋。

④

加入 1 勺盐；将肉馅搅拌均匀。

⑤

在肉馅中加入淀粉，搅拌均匀。

⑥

锅中放入清水煮沸，将肉馅放在手中然后做握拳的动作，这样肉馅就从虎口的位置挤出来了，取直径 1.5cm 大小的肉球依次放入锅中。

⑦

将冬瓜块放入锅中；放入盐和泡好的粉丝。

⑧

临出锅时放入枸杞子，撒上香葱末。

海带玉米
猪排骨汤

食材

猪肋骨	500 克
玉米	1 个
胡萝卜	1 根
海带	80 克
苦瓜	1 个
黄豆芽	50 克
枸杞子	10 克
葱段	适量
姜片	适量
八角	5～8 个
盐	适量

制作过程

1

将海带洗净切成长条，打成结。

2

苦瓜洗净去蒂，切成片；将苦瓜的瓤去掉。

3

将玉米切成段；将胡萝卜去皮，切成片。

4

猪肋骨切成块；将猪肋骨块放入沸水中焯烫。

5

用勺子将锅中的血沫撇净；将猪肋骨块捞出沥干水分。

6

另起锅倒入清水，将猪肋骨块、葱段、姜片、八角放入锅中炖 1 小时捞出，但汤汁保留。

7

另起锅，将炖好的猪肋骨块放入锅中加入海带结、玉米段倒入炖猪排骨块的汤汁炖煮 50 分钟。

8

放入胡萝卜片、黄豆芽、苦瓜片、枸杞子，煮 15 分钟；加入盐调味煮沸后即可。

芋头
猪排骨汤

食 材

猪排骨	200 克
芋头	200 克
枸杞子	适量
姜片	5 片
八角	5 个
香葱末	适量
盐	适量

制 作 过 程

1

芋头洗净，去皮，中间切开备用。

2

将猪排骨洗净，剁成4cm左右的块备用。

3

炒锅置于火上，倒入清水，猪排骨块冷水下锅煮制3～5分钟，待水表面漂浮血沫杂物用勺子撇除，捞出猪排骨块备用。

4

另起锅倒入清水，加入猪排骨块、姜片、八角，煮制10分钟左右。

5

加入适量盐，加入芋头块、香葱末、枸杞子炖至10分钟即可出锅。

花菇
猪蹄汤

16

食材

猪蹄	2 个
花菇	5 ~ 8 个
枸杞子	5 克
香葱末	适量
姜块	适量
八角	5 ~ 8 个
料酒	2 汤勺
生抽	2 汤勺
盐	适量

制作过程

1

洗净的花菇放在清水中浸泡。

2

猪蹄洗净，去毛，劈开。

3

将猪蹄斩成小块。

4

把猪蹄块放入沸水中焯烫。

5

用勺子将血沫撇净，再把猪蹄块捞出。

6

将高压锅置于火上，倒入清水，放入姜块、八角、料酒、生抽、猪蹄块炖 30 分钟。

7

另起锅放入清水将花菇、猪蹄块放入锅中继续炖煮 30 分钟。

8

放入枸杞子、香葱末、盐调味即可。

白芸豆
蹄花汤

食材

猪蹄	1 个
芸豆	100 克
花椒	30 粒
姜片	适量
香葱末	适量
盐	适量
枸杞子	适量

制作过程

1

先将处理干净的猪蹄劈开，分成两半。

2

将猪蹄改刀成小块。

3

芸豆一定要提前一天用水泡上。

4

将切好的猪蹄块放入煮沸的水中，进行焯烫 5 ~ 10 分钟。

5

用勺子将锅中的血沫及脏东西撇出。

6

将猪蹄块捞出；另起锅放入清水，将焯烫后的猪蹄块放入锅中；将泡发的芸豆放入锅中与猪蹄块煮 5 ~ 10 分钟。

7

放入姜片、花椒、盐、枸杞子，盖上锅盖炖煮 1 个小时，加入香葱末即可。

田园玉米
猪排骨汤

食材

猪排骨	200 克
莲藕	100 克
玉米	100 克
南瓜	100 克
番茄	100 克
香葱末	适量
葱段	适量
姜片	5 片
八角	4 个
盐	适量
枸杞子	适量

制作过程

1

莲藕去皮备用；南瓜去皮，去瓤，切小块；其他蔬菜洗净备用。

2

莲藕去头去尾，切滚刀块；番茄中间切开去蒂，切块备用。

3

玉米顶刀切厚片；猪排骨洗净，斩成 4cm 长的块。

4

炒锅置于火上，倒入清水，猪排骨块冷水下锅焯烫 5 ~ 10 分钟，用勺子将血沫撇除捞出沥水。

5

另起锅，加入清水、葱段、姜片、八角、猪排骨块炖至 20 分钟后倒出备用。

6

坐锅点火，倒入清水，待水响边，倒入莲藕块、南瓜块煮至 5 分钟。

7

加入猪排骨块、盐；加入玉米块炖至 5 分钟。

8

加入番茄块炖 3 分钟，撒香葱末、枸杞子即可出锅。

花生
排骨汤

食材

猪排骨	500 克
花生	100 克
枸杞子	6 克
葱段	适量
香葱末	适量
姜片	适量
八角	5 ~ 8 个
生抽	2 汤勺
料酒	2 汤勺
盐	适量

制 作 过 程

1

猪排骨洗净，斩成 4 ~ 5cm 的段。

2

将猪排骨段放入沸水中焯烫。

3

用勺子将血沫撇净。

4

将猪排骨段捞出备用。

5

另起锅放入清水，倒入料酒，加入猪排骨段、葱段、姜片、八角炖煮 40 分钟。

6

将葱段、姜片、八角捞出，放入花生、盐、生抽继续炖煮至花生软烂，撒上枸杞子、香葱末即可出锅。

山药
排骨汤

食材

猪排骨	500 克
山药	1 根
枸杞子	6 克
葱段	适量
姜片	适量
八角	5 ~ 8 个
香葱末	适量
料酒	2 汤勺
盐	适量

制作过程

1

山药洗净去皮；将去皮的山药切成段。

2

猪排骨剁成 4 ~ 5cm 的段；将排骨放入沸水中焯烫。

3

用勺子将血沫撇净。

4

将排骨捞出备用。

5

另起锅倒入清水，将排骨段放入锅中，放入葱段、姜片、八角炖煮 40 分钟。

6

将山药段放入锅中煮沸。

7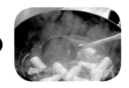

放入料酒、盐、枸杞子、香葱末。

8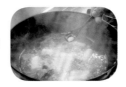

待山药煮至软烂即可食用了。

霸王花猪骨汤

食材

猪棒骨	500 克
霸王花	50 克
杏仁	25 克
蜜枣	25 克
盐	适量

制作过程

1 将霸王花浸泡约 1 小时，洗净；将杏仁洗净。

2 将猪棒骨洗净，斩件。

3 将适量清水放入煲内，煮沸后加入猪棒骨块、霸王花、杏仁、蜜枣。

4 大火煲滚后改用小火煲约 3 小时，加盐调味即可。

菠菜
猪肝汤

食 材

菠菜	350 克
猪肝	150 克
葱段	适量
姜	适量
枸杞子	适量
盐	适量
水淀粉	适量

制 作 过 程

❶ 将猪肝洗净，切成片；将菠菜择洗干净，从中间横切一刀。

❷ 将葱段洗净；将枸杞子洗净；将姜洗净，切丝。

❸ 锅置火上，加入适量清水烧沸，先下入猪肝片煮沸，撇去浮沫。

❹ 放入菠菜段、枸杞子、姜丝、葱段煮沸，然后加入盐调味，水淀粉勾欠即成。

百合杏仁猪肺汤

食材

猪肺	750 克
百合	30 克
杏仁	30 克
蜜枣	20 克
盐	适量

制作过程

1 将杏仁、百合洗净。

2 将猪肺清洗干净，切件，飞水。

3 将适量清水放入煲内，煮沸后加入猪肺块、百合、杏仁、蜜枣。

4 大火煲滚后改用小火煲约 2 小时，加盐调味即可。

蚝豉猪腱汤

食材

猪腱肉	500 克
蚝豉	50 克
银耳	20 克
杏仁	15 克
陈皮	5 克
盐	适量

制作过程

1 将猪腱肉洗净，切块，放入沸水锅中略焯下，捞出沥干待用。

2 将蚝豉用清水浸软，洗净；将银耳泡开，洗净，撕开。

3 将陈皮泡软，洗净；将杏仁洗净。

4 将适量清水放入煲内，煮沸后加入猪腱肉块、蚝豉、银耳、杏仁、陈皮，大火煲滚后改用小火煲约 2 小时，加盐调味即可。

莲藕赤小豆猪蹄汤

食材

猪蹄肉	500 克
莲藕	250 克
赤小豆	100 克
盐	适量

制作过程

❶ 将莲藕去皮，洗净，切块；将赤小豆浸泡约 1 小时，洗净。

❷ 将猪蹄肉洗净，切块，放入沸水锅中略焯下，捞出沥干待用。

❸ 将适量清水放入煲内，煮沸后加入猪蹄肉块、莲藕块、赤小豆。

❹ 大火煲滚后改用小火煲约 2 小时，加盐调味即可。

萝卜干
猪蹄汤

食材

猪蹄	650 克
萝卜干	30 克
蜜枣	25 克
盐	适量

制作过程

❶ 将猪蹄斩件洗净，放入沸水锅中略焯下，捞出沥干待用。

❷ 将萝卜干提前约 1 小时浸泡，洗净。

❸ 把适量清水煮沸，放入猪蹄块、萝卜干、蜜枣。

❹ 煮沸后改小火煲约 3 小时，加盐调味即可。

熟地首乌
猪蹄汤

 食 材

猪蹄	750 克
熟地黄	30 克
何首乌	20 克
松子仁	20 克
姜片	10 克
盐	适量

 制 作 过 程

1 将熟地黄、何首乌浸泡，洗净；将姜片去皮，洗净。

2 将猪蹄洗净，斩件，放入沸水锅中略焯下，捞出沥干待用。

3 将适量清水放入煲内，煮沸后加入猪蹄块、熟地黄、何首乌、松子仁、姜片。

4 大火煲滚后改用小火煲约 3 小时，加盐调味即可。

凉瓜
猪排骨汤

  食材

猪排骨	600 克
凉瓜	500 克
蒜	适量
盐	适量

制作过程

❶ 将猪排骨洗净，斩件，放入沸水锅中略焯
下，捞出沥干待用。

❷ 将凉瓜洗净，切大块；蒜去蒜衣。

❸ 将适量清水放入煲内，煮沸后加入猪排骨
块、凉瓜块、蒜。

❹ 大火煲滚后改用小火煲约 2 小时，加盐调
味即可。

绿豆海带
猪排骨汤

食 材

猪排骨	500 克
绿豆	100 克
海带	30 克
蜜枣	15 克
盐	适量

制 作 过 程

1 将猪排骨洗净，斩件，放入沸水锅中略焯下，捞出沥干待用。

2 将海带提前 1 天浸泡，洗净；将绿豆浸泡 1 小时，洗净。

3 将适量清水放入煲内，煮沸后加入猪排骨块、绿豆、海带、蜜枣。

4 大火煲滚后改用小火煲约 1.5 小时，加盐调味即可。

猪蹄花生红枣汤

 食 材

猪蹄	1个
花生	100克
红枣	80克
盐	1小匙
味精	适量
料酒	适量
香菜叶	适量

 制 作 过 程

1 将花生用清水洗净，放入清水中浸泡8小时。

2 将猪蹄刮去残毛，用清水洗净，剁成小块，放入清水锅中烧沸，焯烫至透，捞出沥干；将红枣、香菜叶洗净。

3 将猪蹄块、花生、红枣连同泡花生的水一起放入锅中，再加入适量清水和盐、味精、料酒。

4 置锅大火上烧沸，转小火炖至猪蹄熟烂入味，出锅装碗，撒香菜叶点缀即成。

木耳
瘦肉汤

食材

猪里脊肉	1 个
花生	100 克
红枣	80 克
木耳	适量
盐	1 小匙
料酒	适量
油菜心	适量

制作过程

1 木耳倒入容器内，用清水泡发。

2 猪里脊肉洗净，顶刀切肉片。

3 锅置于火上，倒入清水，加入猪肉片煮制 5 分钟。

4 加入红枣、木耳、油菜心、花生、盐、料酒炖煮 5 分钟即可出锅。

苦瓜
肉片汤

食材

猪里脊肉	200 克
苦瓜	1 根
红彩椒	1 个
盐	适量

制作过程

1

猪里脊肉切成片。

2

洗净的苦瓜去蒂、去瓤，切成段。

3

将猪肉片放入沸水中焯烫。

4

待猪肉片变成白色捞出备用。

5

炒锅内加入清水，放入苦瓜段、猪肉片。

6

放入盐。

7

待水煮沸时，放入切好的红彩椒片即可出锅。

党参麦冬
瘦肉煲

食材

猪瘦肉	750克
党参	60克
麦冬	40克
生地黄	30克
红枣	20克
盐	适量

制作过程

❶ 将猪肉洗净切块，飞水。

❷ 将党参、生地黄、麦冬洗净；将红枣去核，洗净。

❸ 将适量清水放入煲内，煮沸后加入猪瘦肉块、党参、麦冬、生地黄、红枣。

❹ 大火煲滚后改用小火煲约1.5小时，加盐调味即可。

淡菜
瘦肉汤

 食 材

猪瘦肉	500 克
淡菜	30 克
紫菜	20 克
盐	适量

制 作 过 程

❶ 将猪瘦肉洗净，切块，飞水。

❷ 将淡菜用水泡软，洗净；将紫菜撕成小块，
清水泡开，洗净。

❸ 将适量清水放入煲内，煮沸后加入猪瘦肉
块、淡菜、紫菜。

❹ 大火煲滚后改用小火煲约 1 小时，加盐调
味即可。

核桃山药
瘦肉汤

 材

猪瘦肉	500 克
核桃肉	60 克
山药块	50 克
芡实	30 克
姜片	3 克
盐	适量

制 作 过 程

❶ 将猪瘦肉洗净，切块，放入沸水锅中略焯一下，捞出沥干待用。

❷ 将山药块、芡实提前约 1 小时浸泡，洗净；姜片去皮。

❸ 将适量清水放入煲内，煮沸后加入猪瘦肉块、核桃肉、山药块、芡实、姜片。

❹ 大火煲滚后改用小火煲约 2 小时，加盐调味即可。

苦瓜蚝豉
瘦肉汤

食材

猪瘦肉	500 克
苦瓜	300 克
蚝豉	50 克
盐	适量

制作过程

❶ 将猪瘦肉洗净，切块。

❷ 将苦瓜去瓤，洗净切块；将蚝豉浸泡约 2 小时，洗净。

❸ 将适量清水放入煲内，煮沸后加入猪瘦肉块、苦瓜块、蚝豉。

❹ 大火煲滚后改用小火煲约 2 小时，加盐调味即可。

石斛杞子瘦肉汤

 食 材

猪瘦肉	500 克
石斛	20 克
枸杞子	30 克
虫草花	15 克
蜜枣	15 克
盐	适量

制 作 过 程

1 将猪瘦肉洗净，切成厚片。

2 将石斛、虫草花、枸杞子浸泡，洗净。

3 将适量清水放入煲内，煮沸后加入猪瘦肉片、石斛、枸杞子、虫草花、蜜枣。

4 大火煲滚后改用小火煲约 2 小时，加盐调味即可。

罗汉果
瘦肉汤

食材

猪瘦肉	500 克
罗汉果	1 个
盐	适量

制作过程

1 将猪瘦肉洗净，切块，放入沸水锅中略焯下，捞出沥干待用。

2 将罗汉果洗净，打碎。

3 将适量清水放入煲内，煮沸后加入猪瘦肉块、罗汉果碎。

4 大火煲滚后改用小火煲约 3 小时，加盐调味即可。

花生
猪蹄汤

食材

猪蹄	2 个
花生	150 克
黄豆	100 克
枸杞子	6 克
葱段	适量
香葱末	适量
姜片	适量
八角	5 ~ 8 个
料酒	2 汤勺
生抽	2 汤勺
盐	适量

制作过程

1

猪蹄洗净，劈开；将猪蹄斩成块。

2

将花生、黄豆放入清水中泡发。

3

将斩好的猪蹄块放入沸水中焯烫。

4

用勺子将血沫撇净。

5

把猪蹄块捞出。

6

将高压锅里倒入清水，放入猪蹄块、葱段、姜片、八角、料酒、生抽炖煮 30 分钟。

7

另起锅倒入清水，放入炖好的猪蹄块，再放入花生、黄豆继续炖煮至花生、黄豆软烂。

8

加入枸杞子、盐、香葱末即可出锅了。

牛大力脊骨汤

食材

猪脊骨	750 克
牛大力	50 克
蜜枣	20 克
盐	适量

制作过程

① 将牛大力浸泡，洗净。

② 将猪脊骨洗净，斩件，放入沸水锅中略焯一下，捞出沥干。

③ 将适量清水放入煲内，煮沸后加入猪脊骨块、牛大力、蜜枣。

④ 大火煲滚后改用小火煲约 3 小时，加盐调味即可。

杜仲煲
脊骨汤

 食材

猪脊骨	750 克
杜仲	30 克
桑寄生	30 克
蜜枣	20 克
盐	适量

制作过程

1 将杜仲、桑寄生浸泡，洗净。

2 将猪脊骨斩件，洗净，放沸水锅中略焯下，捞出沥干待用。

3 将适量清水放入煲内，煮沸后加入猪脊骨块、杜仲、桑寄生、蜜枣。

4 大火煲滚后改用小火煲约 3 小时，加盐调味即可。

猪肚
海蛏汤

食材

猪肚	200 克
香菜	10 克
海蛏	100 克
小白菜	50 克
小米椒丁	5 克
干辣椒	适量
大葱	3 段
姜片	5 片
八角	1 个
花椒	3 克
盐	适量

制作过程

1
 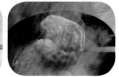

小白菜洗净，切段备用；炒锅置于火上，倒入清水，加入猪肚焯烫 10 ~ 15 分钟，捞出备用；另起锅，倒入清水，加入猪肚、大葱、姜片、八角、花椒、干辣椒、盐，煮制 40 ~ 60 分钟后，捞出沥水（留猪肚原汤备用）。

2

香菜洗净切段备用；猪肚投凉，切粗条备用。

3

炒锅置于火上，倒入清水，下入海蛏，焯烫开壳后捞出沥水。

4

将海蛏投凉，去除海蛏的黑边线。

5

另起锅，倒入猪肚原汤，下入猪肚条，海蛏，盐，煮开锅。

6
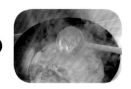

加入小白菜，香菜段煮制 2 分钟即可出锅。

7

出锅装盘后，撒上香菜叶，小米椒丁即可食用。

玉米胡萝卜
脊骨汤

食材

猪脊骨	600 克
玉米段	300 克
胡萝卜	200 克
盐	适量

制作过程

① 将猪脊骨洗净斩件，放入沸水锅中略焯下，捞出沥干待用。

② 将胡萝卜去皮洗净，切成小块；将玉米洗净，切成小段。

③ 将适量清水注入煲内煮沸，放入猪脊骨块煮开。

④ 煮开后改小火煲约 2 小时，加入玉米段、胡萝卜块、盐调味即可。

柏子仁
瘦肉汤

食 材

猪瘦肉	750 克
柏子仁	30 克
当归	30 克
红枣	20 克
白芝麻	10 克
盐	适量

制 作 过 程

❶ 将猪瘦肉洗净，切块，飞水。

❷ 将当归、柏子仁浸泡 30 分钟，洗净；将红枣去核，洗净。

❸ 将适量清水放入煲内，煮沸后加入猪瘦肉块、柏子仁、当归、红枣。

❹ 大火煲滚后改用小火煲约 2 小时，加盐、白芝麻即可。

菠菜
丸子汤

食材

猪五花肉	200 克
菠菜	50 克
黄瓜	50 克
鸡蛋清	1 个
盐	适量
味精	适量
胡椒粉	适量
淀粉	适量
料酒	适量
香油	适量

制作过程

1

将菠菜去根和老叶，洗净，沥干水分，切成约 4cm 长的小段。

2

将黄瓜洗净，擦净水分，先顺长切成两半，再切成片。

3

将猪五花肉洗净，先切成黄豆大小的粒，再剁成蓉。

4

将肉蓉放入碗中，加入鸡蛋清、料酒、盐、味精、淀粉搅匀成馅，将肉馅挤成直径约 2cm 大小的肉丸。

5

锅中加入清水烧沸，把肉丸放入清水中煮约 3 分钟至肉丸浮于汤面，撇去表面浮沫。

6

加入盐、味精、料酒调味，再放入黄瓜片、菠菜叶煮沸，撇去浮沫，撒上胡椒粉，淋入香油即可。

醋椒
丸子汤

食材

猪五花肉	400 克
香菜	25 克
鸡蛋清	3 个
葱段	适量
姜末	适量
味精	适量
胡椒粉	适量
水淀粉	适量
香油	适量
盐	1 大匙
米醋	1 大匙
料酒	2 小匙

制作过程

1

将葱段洗净，一半切成末，另一半斜切成细丝。

2

将香菜去根和老叶，洗净，切成 3cm 长的小段。

3

猪五花肉洗净，剁成蓉，放入大碗中；加入葱末、姜末、盐、水淀粉和清水搅匀成冻状。

4

肉蓉加入鸡蛋清搅匀，挤成直径 3cm 大小的肉丸。

5

净锅置火上，加入清水烧至微沸，逐个放入丸子煮沸，撇净浮沫，捞出丸子，放入大碗中，撒上葱丝、香菜段。

6

净锅复置火上，加入胡椒粉，滗入氽丸子的原汤，再加盐、味精、料酒烧沸，出锅倒入盛有丸子的碗内，淋入米醋、香油即成。

冬瓜苦瓜脊骨汤

食材

猪脊骨	750 克
冬瓜	500 克
苦瓜	300 克
蜜枣	15 克
盐	适量

制作过程

❶ 将猪脊骨洗净，剁成大块，放入清水锅中烧沸，焯烫出血水，捞出冲净。

❷ 将冬瓜、苦瓜洗净去瓤，均切成大块。

❸ 锅中加入清水烧沸，放入猪脊骨块煮沸。

❹ 转小火煲约 3 小时，加入冬瓜块、苦瓜块、蜜枣，放入盐调味，装碗即可。

海参
瘦肉汤

 材

猪瘦肉	250 克
海参	250 克
红枣	20 克
盐	适量

制 作 过 程

1 将红枣去核，洗净。

2 将海参洗净，切丝；将猪瘦肉洗净，切片。

3 将红枣、海参丝、猪瘦肉片放入炖盅内，加适量开水。

4 隔水炖约 3 小时，加盐调味即可。

芥菜马蹄猪排骨汤

食材

猪排骨	250 克
芥菜	200 克
马蹄	6 个
蒜蓉	25 克
生抽	2 小匙
盐	1 小匙
味精	1 小匙
料酒	2 小匙
白糖	1 小匙
植物油	适量

制作过程

❶ 将猪排骨洗净，剁成小块；将芥菜洗净，切成小段；将马蹄去皮，用淡盐水浸泡片刻，取出，切成滚刀块。

❷ 将猪排骨块、芥菜段、马蹄块分别放入沸水锅内汆烫一下，捞出沥水。

❸ 净锅置火上，加入植物油烧热，爆香蒜蓉，加入猪排骨块、芥菜段、马蹄块、生抽、盐、味精、料酒、白糖和清水。

❹ 大火烧沸，转小火焖约 20 分钟至熟即可。

双参蜜枣
瘦肉汤

 食 材

猪瘦肉	500 克
元参	20 克
丹参	20 克
蜜枣	15 克
盐	适量

制 作 过 程

❶ 将猪瘦肉洗净，切厚块。

❷ 将元参、丹参洗净。

❸ 将适量清水放入煲内，煮沸后加入猪瘦肉块、元参、丹参、蜜枣。

❹ 大火煲滚后改用小火煲约 2 小时，加盐调味即可。

猪排骨
绿芽汤

食材

猪排骨	300 克
绿豆芽	150 克
葱段	10 克
姜片	10 克
香葱末	适量
盐	1 小匙
味精	适量
胡椒粉	适量
料酒	1 大匙
植物油	适量

制作过程

1 将绿豆芽去根，用清水洗净，沥去水分，锅置火上烧热，放入绿豆芽干炒一下，盛出；将葱段、姜片洗净，待用。

2 将猪排骨洗净，先顺骨缝切成长条，再剁成约 5cm 的块；放入沸水锅中焯去血水，捞出用清水洗净。

3 锅中加入植物油烧热，放入猪排骨块煸炒约 5 分钟，取出沥油。

4 锅留少许底油烧热，下入葱段、姜片爆出香味，烹入料酒，放入猪排骨块，再倒入清水烧沸，出锅倒入砂锅内，拣去葱段、姜片不用。

5 砂锅置火上烧沸，转小火煮约 30 分钟，放入炒好的绿豆芽。

6 用小火煮至猪排骨块熟烂，加入盐、味精、胡椒粉调好口味，撒上香葱末即可。

丸子豆腐汤

食材

日式豆腐	1盒
鱼肉蓉	100克
猪肥肉蓉	50克
鸡爪	2个
鸡蛋清	1个
姜末	5克
盐	1小匙
胡椒粉	1小匙
味精	1小匙
酱油	2小匙
料酒	2小匙
淀粉	2小匙
植物油	适量

制作过程

❶ 将鸡爪剁去趾尖，洗净，从中间剁成两块，放入碗中，加入酱油拌匀；日式豆腐切成厚片。

❷ 猪肥肉蓉、鱼肉蓉放入碗中，加入鸡蛋清、淀粉、姜末、盐、味精搅拌均匀。

❸ 锅中加植物油烧至五成热，将鸡爪沥净，裹上淀粉，入锅炸至表面呈深黄色时，捞出沥油。

❹ 锅留底油烧热，下入姜末炒香，烹入料酒，加入适量清水、盐，放入鸡爪块烧沸。

❺ 转小火烩至熟烂，再将肉馅挤成小丸子，将日式豆腐片、肉丸子下入锅中烧沸，撇去浮沫，倒入碗中，撒入味精、胡椒粉即可。

西洋参瘦肉汤

 食 材

猪瘦肉	500 克
西洋参	20 克
雪梨	250 克
银耳	20 克
蜜枣	15 克
盐	适量

制 作 过 程

1 将猪瘦肉洗净，切成块状，放入沸水锅中略焯下，捞出沥干待用。

2 将雪梨去皮、核，洗净切块；将银耳泡发，洗净，撕成小朵；将西洋参洗净。

3 将适量清水放入煲内，煮沸后加入猪瘦肉块、西洋参、雪梨块、银耳、蜜枣。

4 大火煲滚后改用小火煲约 2 小时，加盐调味即可。

咸蛋
瘦肉汤

食 材

猪瘦肉	500 克
白瓜	500 克
咸蛋黄	1 只
咸蛋液	适量
盐	适量

制 作 过 程

1 将猪瘦肉洗净，切片。

2 将白瓜剖开去瓤，洗净，切块。

3 煮沸清水，加入白瓜块、咸蛋黄煲约 30 分钟。

4 放入瘦肉片煲约 20 分钟，倒进咸蛋液，约 5 分钟后加盐调味即可。

砂仁猪肚
暖胃汤

 食 材

猪肚	1个
砂仁	20 克
姜片	5 克
盐	适量
淀粉	适量

制 作 过 程

1 将砂仁洗净，拍烂。

2 把猪肚自内向外翻出，用盐、淀粉搓擦，然后用水冲洗，反复几次，切大块。

3 锅中倒入清水煮沸，放入猪肚块、砂仁、姜片。

4 煮沸后改小火煲约 2 小时，加盐调味即可。

猪肉
丸子汤

食 材

猪肉	300 克
姜片	3 片
小白菜	适量
面粉	30 克
鸡蛋	1 个
枸杞子	适量
盐	适量
香葱末	适量
葱段	适量

制 作 过 程

1 姜片切成末备用。

2 将猪肉去皮，剁成肉末放入容器内备用。

3 加入肉末、盐、姜末、香葱末，搅拌均匀，加入面粉、鸡蛋、水，搅拌均匀上劲。

4 砂锅置于火上，加入清水、小白菜、葱段、枸杞子做汤。

5 将肉末汆成大丸子，待汤煮沸，下入锅中，炖至 15 ~ 25 分钟即可。

虾干笋尖猪心汤

食材

猪心	500 克
扁尖笋	50 克
虾干	25 克
姜片	5 克
盐	1 小匙
味精	1 小匙
胡椒粉	1 小匙

制作过程

❶ 将虾干洗净，用清水泡软；将扁尖笋洗净；将姜片洗净。

❷ 将猪心洗净，切成条，再放入沸水锅中焯烫一下，捞出冲净。

❸ 锅中加入适量清水，先下入猪心条、扁尖笋、虾干、姜片大火烧沸。

❹ 转小火煲约 1 小时至熟烂，然后加入盐、味精、胡椒粉煮至入味即可。

香菇
猪肚汤

食材

猪肚	500 克
香菇	60 克
姜片	15 克
盐	适量
淀粉	适量

制作过程

1 将猪肚自内向外翻出，加入盐、淀粉反复揉搓，再用清水冲洗干净，反复几次，以去除异味，切大块备用。

2 将香菇用清水浸泡至软，去蒂，再放入清水中洗净，切成小块；姜片洗净。

3 锅中加入适量清水煮沸，放入猪肚块、香菇块、姜片煮沸，再改用小火煲约2.5小时。

4 淀粉勾芡，加入盐调味即可。

骨汤蹄筋

食 材

猪蹄筋	500 克
小白菜	150 克
葱段	10 克
姜片	10 克
盐	2 小匙
味精	适量
胡椒粉	适量
植物油	适量
熟鸡油	1 大匙
料酒	2 小匙
猪骨汤	1000 毫升

制 作 过 程

1

将小白菜去根和老叶，用清水洗净，放入沸水锅内，加入盐略焯一下，捞出冲凉，放入盘中。

2

将猪蹄筋放入清水锅中，用大火烧沸，转小火焖煮至稍软，捞出蹄筋洗净，放入冷水锅中，上火焖煮至蹄筋软烂。

3

取出猪蹄筋，放入清水中漂去杂质，改刀切成小段。

4

锅置火上，加入植物油烧至六成热，下入葱段、姜片炝锅，倒入清水，烹入料酒，放入猪蹄筋段烧煮 2 分钟。

5

捞出葱段、姜片不用，再捞出猪蹄筋段，锅中加猪骨汤烧沸，撇去浮沫，放入猪蹄筋煮 5 分钟。

6

加入小白菜、盐、胡椒粉、味精烧沸，淋入熟鸡油即可。

砂锅
排骨汤

食材

猪排骨	300 克
葱段	适量
姜片	适量
粉丝	15 克
枸杞子	适量
香葱末	适量
盐	适量

制作过程

1

粉丝放于容器内，加入清水泡发。

2

猪排骨洗净剁成 4cm 左右的段备用。

3

砂锅置于火上，加入清水、姜片、葱段，加入猪排骨段煮制 10 分钟，有血沫可撇除。

4

加入枸杞子、盐，煮约 15 分钟。

5

加入粉丝焖煮 3 分钟，撒香葱末即可出锅。

当归酸枣仁猪心汤

 食材

猪心	350 克
猪瘦肉	300 克
当归	20 克
酸枣仁	20 克
红枣	15 克
盐	适量

 **制作过程**

1 将当归、酸枣仁洗净，浸泡；将红枣去核，洗净。

2 将猪心切成两半，清洗干净淤血，飞水；将猪瘦肉洗净，切块，飞水。

3 将适量清水注入煲内煮沸，放入猪心块、猪瘦肉块、当归、酸枣仁、红枣。

4 再次煮开后改小火煲约 3 小时，加盐调味即可。

鲜车前草
猪肚汤

 食 **材**

猪肚	250 克
猪瘦肉	300 克
鲜车前草	100 克
薏米	50 克
赤小豆	60 克
蜜枣	15 克
盐	适量
淀粉	适量

制 **作** **过** **程**

1 将猪肚自里向外翻出，用盐、淀粉反复搓擦，洗净，切块；将猪瘦肉洗净，切块。

2 将鲜车前草、薏米、赤小豆洗净。

3 把适量清水煮沸，放入猪肚块、猪瘦肉块、鲜车前草、薏米、赤小豆、蜜枣。

4 煮沸后改小火煲约 3 小时，加盐调味即可。

田寸草
薏米猪肚汤

食 材

猪肚	500 克
田寸草	150 克
薏米	100 克
腐竹	50 克
白果	50 克
蜜枣	20 克
淀粉	适量
盐	适量

制 作 过 程

1 把猪肚自里向外翻出，用盐、淀粉搓擦，然后用水冲洗，反复几次清洗干净，切块。

2 把田寸草连头茎洗净；把白果、薏米、腐竹洗净。

3 把适量清水煮沸，放入猪肚块、田寸草、薏米、腐竹、白果、蜜枣。

4 大火煮沸后改小火煲约 2 小时，加盐调味即可。

宽筋藤猪尾汤

 食 材

猪尾	500 克
宽筋藤	30 克
蜜枣	20 克
盐	适量

制 作 过 程

1 将猪尾洗净斩件，放入沸水锅中略焯下，捞出沥干待用。

2 将宽筋藤洗净。

3 将适量清水注入煲内煮沸，放入猪尾段、宽筋藤、蜜枣。

4 煮开后改小火煲约 3 小时，加盐调味即可。

79

太子参麦冬猪心汤

食材

猪心	350 克
太子参	30 克
麦冬	20 克
玉竹	20 克
盐	适量

制作过程

1. 将猪心切成两半，洗净残留淤血，放入沸水锅中略焯下，捞出沥干待用。

2. 将太子参、麦冬、玉竹洗净。

3. 把适量清水煮沸，放入猪心块、太子参、麦冬、玉竹。

4. 煮沸后改小火煲约 2 小时，加盐调味即可。

腐竹白果
猪肚汤

食材

猪肚	250 克
猪骨	400 克
腐竹	100 克
白果	50 克
马蹄	30 克
薏米	20 克
盐	适量

制作过程

1 将马蹄去皮，洗净；将薏米提前浸泡，洗净；将白果洗净；将腐竹洗净，切段。

2 将猪肚洗至无异味，放入滚水中煮 10 分钟，取出过冷水，洗净，切条；将猪骨洗净。

3 把适量清水煮沸，放入猪肚条、猪骨、腐竹段、白果、马蹄、薏米。

4 煮沸后改小火煲约 2.5 小时，加盐调味即可。

杜仲巴戟猪尾汤

 食材

猪尾	500 克
杜仲	30 克
巴戟天	30 克
蜜枣	15 克
盐	适量

制作过程

❶ 将杜仲、巴戟天浸泡，洗净。

❷ 将猪尾洗净，斩件，飞水。

❸ 将适量清水放入煲内，煮沸后加入猪尾段、杜仲、巴戟天、蜜枣。

❹ 大火煲滚后改用小火煲约 3 小时，加盐调味即可。

番茄海带牛尾汤

 食 材

牛尾	600 克
番茄	6 个
海带	150 克
姜片	5 克
白胡椒	1 小匙
盐	1 小匙
味精	1 小匙

制 作 过 程

❶ 将牛尾洗净，切小段；将番茄，洗净，切成块；将海带洗净，切大片；将姜片洗净。

❷ 将牛尾放入开水中氽烫约 3 分钟，捞出。

❸ 砂锅中倒入适量清水，以大火煮沸，加入牛尾段、姜片及白胡椒，以小火炖约 1 小时。

❹ 加入番茄块、海带片，继续炖约 1 小时，加入盐、味精调味即可。

牛肉
玉米羹

食材

牛腩肉	200 克
玉米粒	200 克
番茄粒	适量
盐	适量

制作过程

1 将牛腩肉洗净，先切成 1cm 厚片，再切成丁备用。

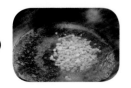

2 炒锅置于火上，倒入清水，在水微微响边时加入牛肉丁。

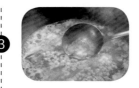

3 加入玉米粒煮制，待水表面漂浮血沫时用勺子撇除；加入番茄粒、盐调味。

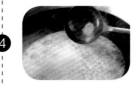

4 煮制 15 ~ 30 分钟，汤汁浓稠即可食用。

沙参牛肉
萝卜百合汤

食材

牛腩肉	200 克
沙参	15 克
青萝卜	100 克
胡萝卜	1 根
口蘑	30 克
百合	30 克
葱段	适量
姜片	适量
八角	2 个
盐	适量
料酒	1 大匙

制作过程

❶ 将牛腩肉洗净切成块，放入沸水中，加入料酒焯水，捞出沥水备用。

❷ 将口蘑择洗干净，切十字花刀；青萝卜、胡萝卜去皮、洗净，均切成块；百合、沙参、葱段、姜片洗净待用。

❸ 锅中加入清水烧开，下入牛腩肉块、沙参、青萝卜块、胡萝卜块、口蘑、百合、葱段、姜片、八角煮沸。

❹ 转小火炖煮约 2 小时，加入盐调味即可。

金色牛尾汤

食材

熟牛尾段	500 克
土豆	2 个
番茄丁	50 克
火腿丁	50 克
水发冬菇丁	25 克
鸡蛋	3 个
葱段	10 克
盐	1 大匙
味精	1 大匙
胡椒粉	1 小匙
香油	1 小匙
黄油	1 小匙

制作过程

❶ 将鸡蛋煮熟，捞出过凉，剥去蛋壳，将蛋白、蛋黄分别切成小丁；将葱段洗净，待用。

❷ 将土豆洗净煮熟，取出撕去外皮，切成丁。

❸ 锅中加入黄油烧化，下入葱段炝锅，再放入土豆丁、蛋白丁、蛋黄丁、火腿丁、水发冬菇丁、熟牛尾段、盐煸炒。

❹ 添入清水烧沸，撇去浮沫，小火煲约 1 小时，捞出葱段，加入味精、胡椒粉，放入番茄丁略烧，淋上香油即可。

南瓜牛肉汤

食材

牛肉	300 克
南瓜	200 克
葱段	15 克
姜片	15 克
盐	1 小匙
胡椒粉	1 小匙

制作过程

1. 将南瓜去皮及瓤，洗净，切成约 3cm 大小的块；将葱段、姜片洗净。

2. 将牛肉剔去筋膜，洗净，切成约 2cm 见方的块，再放入清水锅中烧沸，焯烫一下，捞出沥干。

3. 净锅置火上，加入清水，放入牛肉块用大火烧沸，再放入南瓜块、葱段、姜片同煮。

4. 待牛肉块熟透、南瓜软烂时，加入胡椒粉、盐调味，拣出葱段、姜片即可。

榨菜
牛肉汤

食材

牛肉	300 克
榨菜	50 克
胡萝卜	50 克
葱段	适量
姜片	适量
蒜	适量
盐	适量
味精	适量
料酒	适量
香油	适量
植物油	适量

制作过程

1 将胡萝卜洗净，切成滚刀块；将榨菜洗净，切成细丝；将葱段、姜片、蒜洗净，均切成末。

2 将牛肉切成小块，放入沸水中焯烫一下，过凉，沥水。

3 锅置火上，加入植物油烧热，下入葱末、姜末和蒜末炝锅，烹入料酒，放入牛肉块，用小火不断翻炒至煸干水分。

4 加入清水淹没牛肉块，用小火煮约 1 小时至牛肉熟烂，然后放入榨菜丝、胡萝卜块，改用大火煮约 10 分钟。

5 加入盐、味精调味，淋入香油即成。

番茄
牛腩汤

食材

牛腩	500 克
番茄	1 个
香葱末	适量
姜片	适量
蒜片	3 瓣
八角	5 ~ 8 个
生抽	2 汤勺
盐	适量
植物油	适量

制作过程

1

将洗净的番茄切去根部，切成滚刀块。

2

牛腩洗净切成 3cm 见方的块。

3

将牛腩块放入沸水中焯烫；用勺子撇去锅中的血沫。

4

将牛腩块捞出备用。

5

炒锅置于火上倒入植物油，放入姜片、八角煸香。

6

放入牛腩块翻炒均匀；倒入清水将牛腩块炖煮 1 小时。

7

另起锅放入植物油，放入蒜片、番茄块翻炒均匀。

8

将炖好的牛肉连同原汤一起倒入"步骤 7"的锅中，加入生抽、盐继续炖煮 30 分钟，出锅前加入香葱末即可。

牛尾
药膳汤

食材

牛尾	600 克
乌鸡	1 只
火腿片	50 克
水发玉兰片	15 克
山药	10 克
党参	10 克
当归	6 克
葱段	适量
姜片	适量
盐	适量
味精	适量
鸡精	适量
料酒	适量
植物油	适量

制作过程

1 将山药、党参切片，当归去杂质，装入布袋扎紧口成料包；将乌鸡洗净，沥干水分，用刀剁成大块，锅中加入清水，放入乌鸡块烧沸，焯烫一下，捞出沥干。

2 将牛尾洗净，剁成段，放入清水锅中焯水；水发玉兰片洗净。

3 将牛尾段捞出装入碗中，加入清水、葱段、姜片、料酒，入笼蒸熟，取出凉凉。

4 锅中加入植物油烧热，下入牛尾段和乌鸡块、火腿片煸炒片刻。

5 放入水发玉兰片、料包翻炒均匀，加入鸡精、清水烧沸，撇去浮沫，用小火煨 30 分钟。

6 出锅倒入沙煲内，用中火烧沸，再转小火煨至熟烂，加入盐、味精调好口味，原锅上桌即可。

茄汁
牛尾汤

食材

牛尾	600 克
白萝卜	100 克
芹菜	100 克
胡萝卜	100 克
豌豆	100 克
洋葱	1 个
香叶	3 克
香菜叶	适量
番茄酱	100 克
白糖	20 克
盐	1 小匙
味精	适量
香油	适量
植物油	适量

制作过程

1

将牛尾洗净，沥干水分，从骨节处剁开成小段，放入冷水锅中烧煮至沸，焯煮约 5 分钟，捞出过凉、沥水。

2

将白萝卜洗净，切成块；将洋葱去皮、洗净，切成小块；将胡萝卜洗净，切成块。

3

将芹菜洗净，切成小段；将豌豆洗净，沥水；香菜叶洗净。

4

锅中加入植物油烧至八成热，下入洋葱块、香叶煸炒至变色，放入芹菜段、胡萝卜块翻炒均匀。

5

倒入足量清水烧沸，放入牛尾段稍煮，撇净浮沫，转小火煮约 2 小时至牛尾段熟烂，捞出牛尾段放入碗中；锅内汤汁用纱布过滤，去掉杂质。

6

原汁放入净锅中，加入白萝卜块、番茄酱、盐、白糖煮匀，放入豌豆，撒上味精搅匀，淋上香油，出锅倒入牛尾段，碗内撒香菜叶点缀即可。

酸汤牛肉

食材

牛肉	300 克
酸菜	200 克
金针菇	100 克
蒜	5 瓣
小米泡椒	适量
红彩椒条	适量
香菜叶	适量
姜片	5 片
鸡蛋	1 个
淀粉	适量
香葱	适量
盐	适量
植物油	适量

制作过程

1

金针菇洗净、去根，用手撕成小条备用；香葱洗净，切香葱末备用。

2

酸菜洗净切条备用。

3

小米泡椒切成丁备用；蒜切成片备用；牛肉洗净，切肉片备用。

4

将牛肉片放入容器内，加入盐、鸡蛋、淀粉，搅拌均匀备用。

5

炒锅置于火上，倒入植物油，待油温烧至6 成热倒入牛肉片，不要搅动牛肉片，静止让油温对表面定型，然后用勺子搅动，直至散开，待牛肉片段生即可捞出沥油备用。

6

另起锅，倒入植物油，加入蒜片、姜片、酸菜煸香，加入清水、盐、金针菇煮熟捞出在放入容器中垫底。

7

将煮酸菜的原汤留在锅内，下入牛肉片煮熟倒入容器中，撒小米泡椒丁、红彩椒条、香菜叶即可。

牛尾萝卜汤

食材

牛尾	600 克
胡萝卜	150 克
白萝卜	150 克
青笋	100 克
葱段	15 克
姜片	10 克
盐	1 小匙
味精	1/2 小匙
料酒	1 大匙

制作过程

1 将牛尾洗净，从骨节处断开，再放入沸水锅中，加入葱段、姜片焯透，捞出冲净。

2 将牛尾段放入汤碗中，加入料酒、盐、葱段、姜片、清水，上屉蒸约 1 小时至熟烂。

3 将白萝卜、胡萝卜、青笋分别去皮、洗净，挖成圆球状，再用沸水煮熟，放入牛尾段汤中。

4 加入味精调匀，续蒸约 20 分钟，再撇去碗中浮油，捞出葱段、姜片即可。

羊肉
鹌鹑蛋汤

食材

羊肥膘肉	20 克
咸蛋黄	20 克
羊精肉	150 克
虾丸	50 克
鹌鹑蛋	30 克
香葱末	5 克
鸡蛋清	2 个
盐	适量
味精	适量
胡椒粉	适量
淀粉	适量
料酒	适量
香油	适量

制作过程

❶ 将羊精肉、肥膘肉洗净，用刀背敲打成蓉，加入料酒、香葱末、鸡蛋清、淀粉、胡椒粉拌匀，制成羊肉丸子。

❷ 放入沸水锅中煮约 5 分钟至熟，捞起沥水备用。

❸ 将鹌鹑蛋洗净，入沸水锅中煮熟，捞出去皮；咸蛋黄切成两半待用。

❹ 锅中加入清水，下入羊肉丸子、虾丸、鹌鹑蛋、咸蛋黄烧沸，撇去浮沫，再加入盐、味精调味，淋入香油，起锅装入汤碗中即成。

羊肉山药汤

 食 材

羊肉	500 克
山药	150 克
葱段	10 克
姜片	10 克
盐	1/2 小匙
胡椒粉	适量
料酒	4 小匙

制 作 过 程

❶ 将羊肉剔去筋膜，洗净，在表面略划几刀，放入清水锅中烧沸，焯去血水，捞出沥水。

❷ 将山药去皮、洗净，切成片；将葱段洗净。

❸ 锅中加入清水，放入羊肉、山药片、姜片、葱段、胡椒粉、盐、料酒，用大火烧沸，撇去浮沫。

❹ 转小火炖至熟烂，捞出羊肉凉凉，切成片，装入碗中，再将汤汁中的葱段、姜片拣去不用，连山药一同倒入羊肉碗内即成。

羊肉
冬瓜汤

 食材

羊肉	300 克
冬瓜	200 克
胡萝卜	200 克
葱段	适量
姜片	适量
盐	1 小匙
胡椒粉	1 小匙
味精	1 小匙
香油	1 小匙

制作过程

❶ 将羊肉洗净，切成大块放入的清水锅中烧沸，焯烫一下，捞出沥干；将葱段、姜片洗净。

❷ 将冬瓜去皮及瓤，洗净，切成菱形块，放入沸水锅中焯烫一下，捞出沥干；将胡萝卜洗净，切片。

❸ 锅中加入适量清水烧沸，先放入羊肉块、葱段、姜片、盐炖至八分熟，再放入胡萝卜片、冬瓜块煮至熟烂。

❹ 拣去葱段、姜片，然后加入味精、胡椒粉调匀，淋入香油即可。

羊肉胡萝卜汤

 食材

羊肉	250 克
胡萝卜	150 克
葱段	15 克
胡椒粉	1/3 小匙
盐	1/2 小匙
味精	1/2 小匙
料酒	1 大匙
植物油	适量

制作过程

1 将羊肉洗净，切成小块，放入沸水中焯透，捞出沥干。

2 将胡萝卜去皮、洗净，切成滚刀块备用；将葱段洗净。

3 坐锅点火，加植物油烧至四成热，先下入葱段炒香，再添入清水大火烧开，然后放入羊肉块炖至八分熟，再下入胡萝卜块、料酒、盐、味精炖至熟烂。

4 撒入胡椒粉即可。

羊肉丸
清汤

 食 材

羊肉	500 克
油菜心	100 克
葱段	5 克
姜汁	适量
胡椒粉	适量
盐	2 大匙
味精	2 大匙
淀粉	2 大匙

制 作 过 程

❶ 在油菜心根部剞上十字花刀，放入沸水中略焯，捞出过凉，放在碗里；葱段洗净，切成香葱末。

❷ 羊肉去除筋膜，洗净，剁成细泥，放入盆中，加入盐、味精、淀粉、姜汁和清水搅拌上劲成馅料，再挤成直径约 2cm 大小的羊肉丸，放入盘中。

❸ 锅置火上，加入适量清水烧至微沸，放入羊肉丸，用小火氽至浮出水面，捞出，放入盛有油菜心的碗内。

❹ 净锅复置火上，加入清水、盐烧至微沸，撇去表面浮沫，加入味精调匀，撒入香葱末。

❺ 出锅倒入盛有羊肉丸的碗中，再撒上胡椒粉即可。

水产鲜汤

鱼皮猪骨汤

食材

水发鱼皮	750 克
白菜心	100 克
葱段	15 克
姜片	15 克
盐	适量
味精	适量
料酒	1 小匙
植物油	1 小匙
熟鸡油	2 小匙
猪骨汤	适量

制作过程

❶ 将水发鱼皮切成 3cm 宽、5cm 长的大片，放入清水锅中煮沸，捞出后用温水洗净，去除腥味。

❷ 白菜心洗净，用猪骨汤烧沸烫好备用。

❸ 锅中加入植物油烧热，放入鱼皮块、料酒、葱段、姜片、盐和猪骨汤烧沸，捞出鱼皮片待用。

❹ 锅中加入清水烧沸，撇去浮沫，再放入鱼皮片和白菜心，然后加入味精和盐调味，淋入熟鸡油即可。

泥鳅汤

食材

泥鳅	300 克
姜	适量
植物油	适量
盐	适量

制作过程

1 姜去皮，洗净切片。

2 泥鳅飞水，洗净体表黏液。

3 锅烧热，下植物油、姜片，将泥鳅煎至呈金黄色。

4 将适量清水放入煲内，煮沸后加入泥鳅、姜片，大火煲滚后改用小火煲 1 小时，加盐调味即可。

海三鲜
青蔬汤

食材

食材	数量
虾仁	100 克
扇贝	1 个
海参	100 克
水芹	30 克
干香菇	10 克
红豆	20 克
西蓝花	100 克
鱼肚	25 克
蒜	5 瓣
盐	适量
植物油	适量

制作过程

1 扇贝片开，剔除扇贝肉，洗净切片备用；西蓝花洗净，切小朵西蓝花备用。

2 蒜去头尾；水芹切小段备用。

3 干香菇放入容器，倒入清水泡发。

4 红豆放入容器内，倒入清水浸泡（需提前浸泡 12 小时以上）。

5 炒锅置于火上，倒入植物油，待油温烧至七成热，将鱼肚下入锅中炸制，捞出沥油；将蒜放入锅内炸至呈金黄色捞出。

6 另起锅，倒入清水，加入红豆煮制 20 分钟。

7 加入鱼肚、蒜、扇贝、干香菇、虾仁煮制 10 分钟。

8 下入西蓝花、水芹段、盐、海参煮制 3 分钟即可出锅。

草菇海鲜汤

食材

蛤蜊	200 克
墨鱼	150 克
草菇	200 克
鲜虾	250 克
番茄	200 克
葱段	20 克
盐	1/2 小匙
胡椒粉	1/2 小匙
鸡精	1/2 小匙
鱼露	1 小匙
料酒	1 大匙

制作过程

❶ 将鲜虾去虾须、虾头、虾壳，挑去虾线，洗净；将墨鱼去头，切开后洗净，剞上交叉花刀，再切成小片。

❷ 将蛤蜊放入淡盐水中浸泡，使之吐净泥沙，洗净；将草菇洗净，切成片；将番茄洗净、切片。

❸ 汤锅置火上，加入适量清水烧沸，放入鲜虾、墨鱼片、草菇片、番茄片、蛤蜊。

❹ 加入葱段、盐、鸡精、胡椒粉、鱼露、料酒烧沸，煮约 5 分钟即可。

冬菜煲银鳕鱼

食材

银鳕鱼肉	300 克
冬菜	100 克
水发粉丝	100 克
熟火腿片	25 克
葱段	5 克
姜片	5 克
盐	适量
味精	适量
鸡精	适量
料酒	适量
白胡椒粉	适量
香油	适量
植物油	2 大匙

制作过程

❶ 银鳕鱼肉洗净，切成厚片，放入沸水锅中略焯，捞出沥水；将水发粉丝泡水，洗净；将葱段、姜片洗净。

❷ 锅中加入植物油烧热，先下入葱段、姜片炒香，烹入料酒，添入清水烧沸，再放入冬菜、银鳕鱼肉片。

❸ 加入盐、味精、鸡精、白胡椒粉，转小火炖至鱼肉片熟嫩。

❹ 放入水发粉丝略煮，倒入砂锅中，淋入香油，撒上熟火腿片即可。

带鱼萝卜煲

白萝卜	100 克
带鱼	1 条
鸡蛋	2 个
葱段	5 克
姜片	5 克
八角	1 个
盐	适量
味精	适量
胡椒粉	适量
葱姜汁	适量
淀粉	适量
植物油	适量
料酒	2 小匙
香油	1 小匙

制 作 过 程

❶ 将带鱼剁去头、尾，剖腹去内脏，洗净，剁成段，放入盆中，加入盐、料酒和葱姜汁拌匀，腌约 10 分钟。

❷ 将鸡蛋磕入碗中，加入盐；将白萝卜去皮、洗净，切成块。

❸ 锅置中火上，加入植物油烧至四成热，将带鱼段拍上一层淀粉，抖掉余粉，再拖上鸡蛋液，下入油锅中炸至皮硬定形、呈金黄色时，捞出沥油。

❹ 锅留底油烧热，先下入八角炸糊后捞出，再放入葱段、姜片炸香，加入清水。

❺ 放入白萝卜块、带鱼段，加入料酒、盐和胡椒粉烧沸，转小火炖约 12 分钟至熟透，调入味精，盛入碗中，淋上香油即成。

栗子百合生鱼汤

食材

生鱼	1 条
猪瘦肉	250 克
栗子	100 克
百合	50 克
芡实	25 克
陈皮	5 克
盐	适量

制作过程

1 将栗子肉去壳，洗净；将百合、芡实、陈皮浸泡，洗净。

2 将生鱼拍死，去鳞、内脏，洗净；将猪瘦肉洗净，切块。

3 将适量清水放入煲内，煮沸后加入生鱼块、猪瘦肉块、栗子、百合、芡实、陈皮。

4 大火煲滚后改用小火煲约 2 小时，加盐调味即可。

大酱花蛤
豆腐汤

食材

豆腐	1 大块
花蛤	300 克
干裙带菜	25 克
香葱末	10 克
红干椒	5 克
味精	1/2 小匙
大酱	3 大匙

制作过程

1

将豆腐洗净，切成小块；干裙带菜用清水泡开，清洗干净，切成段；将花蛤放入清水盆中浸泡，再用清水洗净泥沙，沥干水分。

2

锅中加入适量清水烧沸，放入红干椒、大酱搅匀。

3

锅中放入豆腐块，烧沸后炖煮约5分钟，然后放入花蛤推搅均匀。

4

放入干裙带菜段煮约5分钟。

5

撒上香葱末煮约2分钟。

6

将味精加入汤中调味，大酱花蛤豆腐汤即成。

冬瓜
虾仁汤

食材

冬瓜	300 克
干贝	50 克
虾仁	50 克
猪肉	50 克
胡萝卜	20 克
干香菇	20 克
香菜叶	适量
盐	适量

制作过程

1 将冬瓜洗净，去皮及瓤，切成小块；将胡萝卜洗净、去皮，切成滚刀块。

2 将猪肉洗净、切片，放盐拌匀。

3 将虾仁去虾线、洗净；香菜叶洗净。

4 将干香菇洗净泡软、去蒂，切成小块；将干贝用清水洗净泡软，捞出沥干。

5 锅中加入适量清水，先下入干贝、虾仁、猪肉片、干香菇块、冬瓜块、胡萝卜块大火烧沸。

6 转小火续煮约 5 分钟，然后加入盐煮匀，出锅后撒上香菜叶点缀即可。

木瓜
生鱼汤

食材

生鱼	1 条
木瓜	250 克
红枣	15 克
姜片	5 克
植物油	适量
盐	适量

制作过程

❶ 将木瓜去皮、去籽，洗净，切成大块；将红枣洗净，去核；将姜片洗净。

❷ 将生鱼去鳞、腮、内脏，洗净；烧锅下植物油、姜片，将生鱼煎至呈金黄色。

❸ 将适量清水放入煲内，煮沸后加入生鱼、木瓜块、红枣。

❹ 大火煲滚后改用小火煲 2 ~ 3 小时，加盐调味即可。

大马哈
饺汤

食 材

面粉	300 克
马哈鱼	150 克
韭菜	100 克
姜	适量
盐	适量
味精	适量
排骨精	适量
料酒	适量
香油	适量
花椒油	适量
熟猪油	适量

制 作 过 程

❶ 将面粉放入容器内，加入用盐调成的淡盐水和成面团，略饧。

❷ 将马哈鱼剁成肉末；将韭菜择洗干净，切成末；将姜切成末。

❸ 将鱼肉末加入料酒、熟猪油、花椒油、排骨精、盐、味精调匀，加入姜末、韭菜末拌匀成馅。

❹ 将面团搓成长条，揪成大小均匀的小剂子，按扁擀成小圆皮，抹馅捏成小饺子。

❺ 锅中加水烧开，下入小饺子煮熟，捞入碗内，煮小饺子的原汤内加入余下的调料（不含香油）烧开，浇在饺子碗内，淋入香油即成。

马蹄海蜇肉排汤

 食 材

猪瘦肉	450 克
猪排骨	300 克
海蜇	200 克
马蹄	200 克
姜片	2 克
盐	适量

制 作 过 程

1 将海蜇洗净，放入沸水锅中略焯下，捞出沥干；将马蹄去皮，洗净。

2 将猪排骨洗净，斩件，放入沸水锅中略焯下，捞出沥干；将猪瘦肉洗净，切块。

3 将适量清水放入煲内，煮沸后加入猪瘦肉块、猪排骨块、海蜇、马蹄、姜片。

4 大火煲滚后改用小火煲约 2 小时，加盐调味即可。

双虾鸡肉汤

食材

鸡胸肉	200 克
虾仁	200 克
鸡蛋清	2 个
油菜	100 克
葱段	15 克
姜片	15 克
盐	1 小匙
料酒	1 大匙
味精	适量
麻油	1 小匙

制作过程

❶ 将鸡胸肉洗净，切成肉泥，放在大碗内，加入清水、料酒、盐、鸡蛋清（1个）搅匀，锅里放清水，将鸡泥搓成一个个荔枝大的鸡圆下锅，温水烧至八九成热时捞出，放入装有清水的另一个汤锅内；将油菜摘去黄叶洗净，切段。

❷ 将虾仁洗净，切成虾泥，放在碗内加入清水、料酒、盐、鸡蛋清（1个）搅匀，将虾泥搓成一个个荔枝大的虾圆，放入下鸡圆的汤锅内，小火煨至七八成开，待虾圆全部漂起。

❸ 将葱段、姜片洗净用刀拍一下，放入汤锅内，烧沸后将葱段、姜片捞出不要。

❹ 盐、味精、料酒、鸡圆、虾圆、油菜拌一下，倒入汤碗内，淋上麻油即成。

121

苹果杏仁生鱼汤

食材

生鱼	1 条
猪瘦肉	250 克
苹果	250 克
杏仁	30 克
姜片	5 克
盐	适量
植物油	适量

制作过程

1 将杏仁浸泡，洗净；将苹果去皮、核，切成大块；将猪瘦肉洗净，切片，飞水；将姜片洗净。

2 将生鱼去鳞、腮、内脏，洗净；烧锅下植物油、姜片，将生鱼煎至呈金黄色。

3 将适量清水放入煲内，煮沸后加入生鱼、猪瘦肉片、苹果块、杏仁。

4 大火煲滚后改用小火煲约 3 小时，加盐调味即可。

沙参玉竹鲫鱼汤

 食材

鲫鱼	1 条
猪瘦肉	250 克
沙参	30 克
玉竹	25 克
陈皮	5 克
姜片	5 克
盐	适量
植物油	适量

制作过程

❶ 把猪瘦肉洗净，切片，飞水；把陈皮浸软，洗净；把沙参、玉竹、姜片洗净。

❷ 把鲫鱼去腮、鳞、肠杂，洗净；烧锅下植物油、姜片，将鲫鱼煎至呈金黄色。

❸ 将适量清水放入煲内，煮沸后加入鲫鱼、猪瘦肉片、沙参、玉竹、陈皮。

❹ 大火煲滚后改用小火煲约 1.5 小时，加盐调味即可。

银针鸡汁
鱼片汤

124

124

食材

鳜鱼肉	150 克
水发口蘑	15 克
君山银针茶	10 克
水发冬菇	10 克
熟火腿	10 克
鸡蛋清	1 个
盐	适量
味精	适量
胡椒粉	适量
熟鸡油	2 小匙
水淀粉	适量

制作过程

1

水发口蘑和水发冬菇分别洗净，均切成片；熟火腿切成片。

2

将茶叶放入杯中，冲入热水，取一个汤碗，倒扣在杯上，再翻扣一下使杯吸附在碗中；鳜鱼肉去鱼刺，用清水浸泡以去除血水，取出擦净水分，片成大片。

3

鳜鱼片放入碗中，加入鸡蛋清、水淀粉和盐抓匀上浆。

4

汤锅加清水，放入鳜鱼片焯熟，捞出码在玻璃杯四周。

5

锅内汤汁撇去浮沫，放入熟火腿片、水发口蘑片、水发冬菇片烧沸，加上盐、味精和胡椒粉调好口味，淋入熟鸡油。

6

出锅倒在盛有鱼片和茶叶的汤碗中，上桌时取下杯子即可。

龙井捶虾汤

食材

青虾	500 克
龙井茶叶	15 克
鸡蛋清	1 个
香菜	适量
葱段	适量
姜片	适量
盐	适量
味精	适量
料酒	适量
淀粉	适量

制作过程

1. 将龙井茶叶放入茶杯内，用温水泡一下，随即滗掉温水，再将沸水倒入茶叶杯内浸泡出茶香味。

2. 将青虾去虾头，剥去外壳留尾壳，洗净、沥干，放在碗里，加入葱段、姜片、料酒、盐、味精、鸡蛋清拌匀；香菜洗净。

3. 取出青虾，沾匀淀粉，放在案板上，用擀面杖捶敲成薄片，放入沸水锅中焯透，捞出过凉，使虾尾呈现桃红色。

4. 净锅置火上，加入清水、盐、料酒、味精烧沸，再放入加工好的青虾焯烫一下，捞出青虾，装入汤碗内，倒入龙井茶水。

5. 锅内原汤烧沸，倒入盛有青虾的汤碗内，撒上香菜叶即可。

银耳鳜鱼汤

 食 材

鳜鱼肉	300 克
丝瓜	250 克
银耳	10 克
鸡蛋清	1 个
姜片	15 克
葱段	10 克
盐	1 小匙
淀粉	1 小匙
熟鸡油	1 小匙
味精	适量
胡椒粉	适量
料酒	2 大匙

制 作 过 程

❶ 将银耳用温水泡透，去根、洗净，片成薄片，再用沸水泡透；将葱段、姜片洗净，葱段取葱白切丝，余下的葱段和姜片一起捣烂，加入料酒取汁。

❷ 将丝瓜去皮、洗净，顺切成 4 块，去掉瓜瓤，再切成菱形块；将鳜鱼肉洗净，片成薄片，加入葱姜料酒汁、鸡蛋清和淀粉调匀浆好。

❸ 锅中加清水烧沸，放入银耳、盐、味精烧沸，撇去浮沫，放入丝瓜块烧煮片刻，倒入汤碗中，撒上胡椒粉和葱丝。

❹ 锅中加清水、料酒、盐烧至汤面微沸，下入鱼肉片用筷子轻轻拨散，煮至熟透后捞出鱼肉片。

❺ 将鱼片放入装有银耳的汤碗里，再淋入熟鸡油即可。

干贝无黄蛋汤

食材

鸡蛋	5 个
干贝	25 克
冬笋	15 克
水发香菇	15 克
盐	适量
味精	适量
胡椒粉	适量

制作过程

❶ 将干贝洗净，放在碗里，上屉蒸熟，取出凉凉，撕成细丝，冬笋、水发香菇均洗净，切成细丝，入沸水中焯烫一下，捞出沥水。

❷ 将鸡蛋洗净、擦干，将鸡蛋清及鸡蛋黄分别倒在两个碗内，蛋黄抽打均匀；鸡蛋清加入清水、盐、味精打匀，灌回蛋壳中，封口。

❸ 将鸡蛋竖放在蒸锅中蒸熟，取出过凉，剥去蛋壳成无黄蛋。

❹ 将每个无黄蛋切成 8 小条，整齐地摆放入汤碗中，锅中加入清水、干贝丝、冬笋丝和水发香菇丝烧沸；加入盐、胡椒粉和味精调好口味，慢慢淋入鸡蛋黄液。

❺ 出锅倒入盛有无黄蛋的汤碗中即可。

山药百合鲫鱼汤

食材

鲫鱼	2 条
山药	50 克
百合	25 克
香菜	10 克
枸杞子	5 克
葱段	10 克
姜片	10 克
盐	适量
味精	适量
胡椒粉	适量
料酒	1 大匙
熟鸡油	2 小匙
植物油	适量

制作过程

1 将山药切成小片；将百合掰成小瓣，放入沸水锅内焯水，捞出洗净沥水；将枸杞子用温水泡软，洗净；将香菜、百合、姜片洗净。

2 鲫鱼宰杀干净，表面剞上一字刀，放入沸水锅中焯烫，捞出沥水、去皮。

3 锅置火上，加入植物油烧热，下入姜片、葱段炒出香味，加入清水烧沸，拣去葱段、姜片不用。

4 放入鲫鱼、山药、百合、枸杞子和料酒烧沸，转小火炖至鲫鱼熟烂，加入盐、味精、胡椒粉调好口味，淋入熟鸡油。

5 出锅盛在汤碗里，最后撒上香菜即成。

奶汤鲍鱼羹

食材

熟鲍脯	4 个
小黄菇	30 克
豌豆	30 粒
鲜菊花瓣	1 朵
母鸡肉	适量
棒骨	适量
猪肉	适量
香菜末	适量
盐	适量
味精	适量
白胡椒粉	适量
水淀粉	适量
明油	适量

制作过程

❶ 将熟鲍脯切成粗粒，下入沸水中焯透，捞出洗净，沥水；将鲜豌豆洗净，入锅内煮熟；将小黄菇择洗干净，焯烫一下；将鲜菊花瓣洗净。

❷ 将母鸡肉洗净，剁成大块；将猪肉洗净，切成片；将棒骨洗净，敲断，一起放入清水锅内烧沸，焯烫一下去血水，捞出沥水。

❸ 净锅置火上，加入足量清水，放入鸡块、猪肉片和棒骨，先用大火烧沸，再改用小火熬浓至乳白色成奶汤。

❹ 净锅置火上，加入奶汤、鲍脯粒、小黄菇和豌豆烧沸，加入盐、味精、白胡椒粉调好口味。

❺ 用水淀粉勾薄芡，淋入明油，撒上鲜菊花瓣稍煮，分盛约 10 个汤盅内，带香菜末上桌即可。

七星鱼圆汤

食材

鳗鱼段	250 克
猪腿肉	40 克
笋肉	25 克
水发香菇	25 克
熟火腿	20 克
榨菜	20 克
虾仁	适量
盐	适量
味精	适量
白糖	适量
胡椒粉	适量
料酒	2 小匙
淀粉	4 小匙
香油	2 小匙

制作过程

1 将猪腿肉、虾仁、熟火腿、榨菜、水发香菇、笋肉分别洗净，剁成末，加入盐、白糖、味精、料酒、胡椒粉调匀成馅心。

2 鳗鱼段去除鱼骨、鱼皮，取净鳗鱼肉，放在案板上，用刀背轻轻捶打成鱼蓉，放在小盆中，加入盐搅拌至上劲，再加入淀粉调成鱼胶。

3 锅中加入清水烧热，用左手抓一小撮鱼胶，摊在手心中间，放入少许调好的馅心捏拢，团成直径约 3cm 大小的鱼圆。

4 放入清水锅中煮熟，捞出鱼圆，放入冷水中漂凉。

5 另起锅，加入清水，放入鱼圆，加入盐、味精稍煮，撇去表面浮沫，淋入香油即成。

三鲜
虾仁汤

食材

虾仁	250 克
鸡胸肉	100 克
冬笋	100 克
火腿	40 克
鸡蛋清	2 个
姜	5 克
盐	1/2 小匙
酱油	1 小匙
味精	适量
胡椒粉	适量
淀粉	适量

制作过程

1 将冬笋放入沸水中焯烫一下，捞出沥干，切成细丝；将火腿放在盘内，上屉蒸熟，取出凉凉，切成丝；将姜切成丝。

2 将鸡胸肉切丝，加入 1 个鸡蛋清、酱油抓匀；虾仁洗净，去除虾线，用洁布包裹后轻轻压出水分，放在大碗里，加入 1 个鸡蛋清、盐、味精、淀粉拌匀上浆。

3 锅置火上，加入清水、盐、味精和冬笋丝烧沸，放入鸡肉丝用筷子拨散，撇去浮沫和杂质。

4 加入虾仁、火腿丝、姜丝，用手勺推散，烧煮至入味，撒入胡椒粉调匀，出锅倒在汤碗内即成。

雪花
鱼丝羹

 材

黄鱼	1条
熟竹笋	75克
熟火腿	15克
水发冬菇	15克
鸡蛋清	1个
葱段	适量
味精	适量
胡椒粉	适量
盐	1小匙
熟鸡油	1小匙
淀粉	75克
香油	2小匙

制 作 过 程

❶ 鸡蛋清放入碗中，搅打均匀成泡沫状，葱段洗净切成丝。

❷ 熟竹笋、水发冬菇、熟火腿均洗净，切成细丝，入锅焯水，捞出过凉、沥水。

❸ 黄鱼整理洗净，用刀将黄鱼肉刮下，撒上盐，用刀背剁成鱼泥，淀粉撒在案板上，放上鱼泥摊平，两面粘匀淀粉，切成3块，分别用擀面杖将鱼泥擀成薄片，放入沸水锅内氽约1分钟，捞出用冷水漂约5分钟，捞出，切成面条状。

❹ 锅加清水，下入鱼肉条烧沸，放入笋丝、水发冬菇丝、熟火腿丝。

❺ 加入盐、味精调味，用淀粉勾芡，淋入鸡蛋清搅匀。

❻ 加盖焖5分钟，撒胡椒粉，淋熟鸡油、香油，装碗，撒入葱丝即成。

鲜虾汤

食材

草虾	100 克
草菇	10 克
花蛤	100 克
鱼丸	50 克
姜片	5 片
小白菜	100 克
盐	适量

制作过程

1 草虾洗净剔除虾线。

2 草菇倒入容器，加入清水泡发；花蛤放入清水浸泡，再洗净泥沙。

3 炒锅置于火上，倒入清水、姜片、花蛤、草虾炖煮 5 分钟；加入鱼丸、草菇炖煮 5 分钟；加入小白菜炖煮 3 分钟，撒盐调味即可出锅。

莼菜蛋皮羹

 食 材

莼菜	100 克
虾仁	100 克
蛋皮丝	50 克
盐	适量
鸡精	适量
料酒	适量
生抽	适量
鸡蛋清	适量
姜汁	适量
香油	适量
胡椒粉	适量
水淀粉	适量

制 作 过 程

❶ 将莼菜择洗干净。

❷ 将虾仁去除虾线，洗净，加入盐、料酒、姜汁、鸡蛋清、水淀粉拌匀上浆。

❸ 炒锅上火烧热，加入清水烧沸，先放入莼菜，再加入盐、生抽、胡椒粉、鸡精调好口味。

❹ 下入蛋皮丝、虾仁搅匀，用水淀粉勾薄芡，淋入香油，约煮 15 分钟，出锅装碗即可。

豆芽海带
豆腐汤

食 材

豆腐	800 克
海带	120 克
绿豆芽	100 克
小鱼干	60 克
盐	1 小匙
胡椒粉	1 小匙
香油	适量
香菜	适量

制 作 过 程

1 将豆腐洗净，切成小块；将小鱼干清洗干净。

2 将海带用清水泡软，洗去杂质，捞出，切成小段；将绿豆芽掐去头尾，洗净。

3 锅置火上，加入适量清水烧沸，先放入小鱼干、豆腐块、海带段煮熟。

4 放入绿豆芽稍煮，然后加入盐、胡椒粉调味，淋入香油，出锅装碗，撒上香菜点缀即可。

腐竹
虾仁煲

食材

腐竹	75 克
虾仁	适量
水发香菇	30 克
海米	15 克
木耳	30 克
胡萝卜片	适量
青彩椒片	适量
葱段	15 克
蒜	15 克
姜	10 克
盐	适量
白糖	适量
味精	适量
香油	适量
酱油	2 小匙
料酒	2 小匙
水淀粉	2 小匙
植物油	适量

制作过程

1

把腐竹用温水浸泡至发涨，洗净、沥水，切成段；把水发香菇去蒂、洗净，攥干水分，切成片；把葱段洗净，一部分切成丝；姜去皮、洗净，切成片；木耳择洗干净。

2

净锅置火上，加入植物油烧热，下入蒜炸出香味，放入海米煸香出味。

3

放入葱段、姜片炒匀，加入水发香菇片、料酒、酱油。

4

加入泡水发香菇的水烧沸，再加入白糖、盐、味精、腐竹段、木耳、胡萝卜片，盖上盖焖约 5 分钟。

5

放入青彩椒片、虾仁炖煮约 5 分钟。

6

用水淀粉勾芡，淋上香油，倒入砂锅中撒上葱丝即可。

禽类靓汤

竹荪
老鸡汤

食材

老母鸡	500 克
竹荪	50 克
鲜虫草花	50 克
盐	适量
枸杞子	10 克

制作过程

1 枸杞子用清水泡发备用。

2 老母鸡去除屁股，中间切开，去除内脏、鸡油，斩去爪子，洗净备用。

3 炒锅置于火上，倒入清水，下入老母鸡焯烫 5 ~ 10 分钟后捞出。

4 另起锅，倒入清水，加入老母鸡、盐，炖制 40 ~ 60 分钟。

5 加入竹荪、鲜虫草花、枸杞子炖制 10 ~ 20 分钟后即可出锅。

南瓜
鸡腿汤

食材

鸡腿	1 个（200 ~ 300 克）
南瓜	250 克
红枣	5 颗
枸杞子	适量
盐	适量

制作过程

1 南瓜洗净去皮、去瓤，将南瓜顺纹理切成块状备用。

2 鸡翅洗净，斩条，再斩成小块备用。

3 炒锅置于火上，倒入清水，加入鸡块煮制 3 ~ 5 分钟。

4 用勺子将血沫及脏污撇除，捞出鸡块沥水备用。

5 起炖锅加入清水，放入鸡块、红枣、南瓜块。

6 放入枸杞子，炖制 10 分钟；加入盐，煮制 3 分钟出锅即可。

红枣山药
老鸭汤

食材

鸭子	1 只
山药	1 根
红枣	15 颗
姜	1 块
盐	适量

制作过程

1

姜去皮，切成片。

2

山药去皮，切成滚刀块。

3

鸭子洗净，去除内脏，斩块。

4

将鸭块放入沸水中焯烫。

5

用勺子撇去锅中的血沫。

6

将鸭块捞出沥干水分，放入盛有清水的锅中，加入红枣。

7

放入姜片、山药块。

8

加入盐，炖煮 1 小时即可食用。

冬瓜莲子
老鸭汤

食材

鸭子	半只
冬瓜	200 克
莲子	50 克
胡萝卜	1 根
姜	1 块
枸杞子	15 克
香葱末	适量
盐	适量

制作过程

1

胡萝卜、冬瓜去皮，切成滚刀块。

2

莲子去掉莲心，放入大碗中加入清水泡软。

3

姜去皮，切成片。

4

鸭子洗净斩成块；将鸭块放入沸水锅中焯烫。

5

将锅中的血沫用勺子撇净。

6

将鸭块捞出放在另一口盛有清水的锅中。

7

放入冬瓜块、胡萝卜块、姜片；放入莲子。

8

加入盐，炖煮 40 分钟；临出锅时加上枸杞子和香葱末即可。

酸萝卜
老鸭汤

食材

鸭子	400 克
白萝卜	200 克
白醋	适量
盐	适量
姜	适量
枸杞子	适量

制作过程

1 姜去皮，切成薄片。

2 白萝卜去皮，切成滚刀块，放入容器内，加入盐、白醋腌制 10 ~ 20 分钟。

3 鸭子斩成块。

4 炒锅置于火上，倒入清水，加入鸭块焯烫 5 ~ 10 分钟，用勺子撇除血沫，捞出沥水备用。

5 另起锅，倒入清水，加入白萝卜块、鸭块、枸杞子、姜片、盐，炖至 15 分钟左右即可出锅。

花生鹌鹑汤

食材

鹌鹑	2 只
赤小豆	60 克
花生	60 克
红枣	20 克
蜜枣	15 克
盐	适量

制作过程

1 将鹌鹑宰杀，去毛及内脏，洗净，放入沸水锅中焯烫一下，捞出沥干。

2 将赤小豆、花生、红枣分别放入清水中浸洗干净，捞出沥干。

3 锅中加入适量清水煮沸，放入鹌鹑、赤小豆、花生、红枣、蜜枣煮沸，再改用小火煲约2小时。

4 加入盐调味即可。

参麦红枣
乌鸡汤

食 材

乌鸡	1只
麦冬	20克
西洋参	20克
红枣	20克
姜	10克
盐	适量

制 作 过 程

1 将乌鸡去毛及内脏，用清水浸洗干净，剁成小块，放入沸水锅中焯烫一下，捞出沥水。

2 将西洋参洗净，切成片；将红枣去核，洗净；将麦冬洗净；将姜去皮，洗净，切成片。

3 砂锅中加入适量清水煮沸，放入乌鸡块、麦冬、西洋参、红枣、姜片，用大火烧沸，再改用小火煲约 2 小时。

4 加入盐调味即可。

茶花
鸡片汤

 食 材

鸡胸肉	150 克
茶花	10 朵
葱	20 克
姜	10 克
盐	1 小匙
味精	1/2 小匙
料酒	2 小匙
胡椒粉	1 小匙
香菜叶	适量

制 作 过 程

❶ 将鸡胸肉洗净，切成小片；将茶花择去梗，洗净，切丝；将葱切成段；姜拍破待用。

❷ 锅中加入适量清水烧沸，下入鸡片汆透捞出，用凉水冲凉；香菜叶洗净，备用。

❸ 净锅中放入清水烧开，加入葱段、姜、料酒、盐、味精、胡椒粉调味，放入鸡片烫熟，倒入碗中。

❹ 将茶花丝、香菜叶撒入鸡片汤中即可。

丹参
清鸡汤

 食 材

鸡	1只
丹参	20克
西洋参	20克
田七	15克
盐	适量

制 作 过 程

1 把鸡洗净，斩件。

2 把丹参浸泡约2小时，洗净；将田七洗净，切成片；将西洋参洗净。

3 将适量清水放入煲内，煮沸后加入鸡块、丹参、西洋参、田七片。

4 大火煲滚后改用小火煲约3小时，加盐调味即可。

党参乳鸽汤

乳鸽　　　1 只
灵芝　　　50 克
枸杞子　　4 克
党参　　　25 克
核桃仁　　10 克
蜜枣　　　20 克
姜片　　　15 克
盐　　　　1/2 小匙

1　将核桃仁、党参、枸杞子、灵芝、姜片分别洗净。

2　将乳鸽宰杀，洗涤整理干净切块，放入沸水中焯去血水，捞出冲净备用。

3　坐锅点火，加适量清水烧开，放入姜片、枸杞子、党参、核桃仁、灵芝、蜜枣、乳鸽块，用中火煲约 3 小时。

4　加入盐调好口味即可。

红枣
乌鸡煲

食材

乌鸡	1 只
长寿草	20 克
枸杞子	20 克
红枣	20 克
葱段	30 克
姜片	15 克
盐	1 小匙
味精	1 小匙
胡椒粉	1 小匙
料酒	1 大匙

制作过程

1 将乌鸡洗涤整理干净，剁去爪；将长寿草洗净，切成段；将红枣洗净、去核；将枸杞子、姜片、葱段洗净。

2 将乌鸡腹部朝上放入炖锅内，再放入红枣、长寿草、枸杞子、姜片、葱段、料酒。

3 加入适量清水，用大火烧沸，撇去浮沫，转小火炖约 1 小时至乌鸡肉酥烂，拣去葱段、姜片不用。

4 加入盐、味精、胡椒粉调味，倒入煲仔内即成。

157

豌豆
鸡丝汤

食材

鸡胸肉	200 克
豌豆	100 克
圣女果	2 个
鸡蛋清	适量
葱丝	适量
姜丝	适量
盐	适量
味精	适量
料酒	适量
水淀粉	适量
植物油	适量

制作过程

1

将豌豆洗净,放入沸水中快速焯烫一下;捞出豌豆,迅速放入冷水中浸凉。

2

将鸡胸肉剔去筋膜,洗净,先切成薄片,再切成丝。

3

将鸡丝放入碗中,加入鸡蛋清、盐和水淀粉拌匀上浆。

4

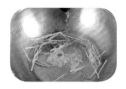

锅中放植物油烧至四成热,下入鸡肉丝滑散变色,捞出沥油,锅留底油烧热,下入葱丝、姜丝炒出香味。

5

烹入料酒,倒入清水烧沸,捞出葱、姜丝,再放入鸡肉丝和豌豆,用大火烧沸,然后加入盐、味精调好口味,撇去表面浮沫。

6

用水淀粉勾薄芡,出锅盛入碗中,放上圣女果点缀即可。

干贝冬瓜煲鸭汤

食材

鸭肉	1000 克
猪瘦肉	300 克
冬瓜	1000 克
干贝	50 克
陈皮	5 克
盐	适量

制作过程

1 把鸭肉洗净，斩成大块，飞水；将猪瘦肉洗净，切成块，飞水。

2 将干贝用温水浸开，洗净；将陈皮洗净；将冬瓜去瓤，洗净，带皮切成大块。

3 将适量清水放入煲内，煮沸后加入鸭肉块、猪瘦肉块、冬瓜块、干贝、陈皮。

4 大火煲滚后改用小火煲约 3 小时，加盐调味即可。

枸杞桂圆鹅肉汤

 食材

鹅肉	500 克
枸杞子	20 克
桂圆	40 克
红枣	20 克
姜片	3 克
葱段	10 克
料酒	2 小匙
盐	1/2 小匙
味精	适量

制作过程

1 将鹅肉洗净，切成 5cm 长、3cm 宽的块，将红枣、桂圆、枸杞子洗净。

2 将鹅肉块放入砂锅中，加适量清水，煮沸。

3 将锅中浮油撇开，加入枸杞子、桂圆、红枣、料酒、姜片、葱段，转小火炖至九分熟。

4 加入盐、味精，继续炖 5 分钟即可。

芡实
乳鸽汤

 食 材

乳鸽	1 只
猪瘦肉	250 克
芡实	50 克
西洋参	25 克
蜜枣	20 克
盐	适量

制 作 过 程

❶ 将乳鸽宰杀，去毛、内脏，洗净；将猪瘦肉洗净，切成块，飞水。

❷ 将西洋参洗净，切成片；将芡实洗净，浸泡。

❸ 将适量清水放入煲内，煮沸后加入乳鸽、猪瘦肉块、芡实、西洋参、蜜枣。

❹ 大火煲滚后改用小火煲约 3 小时，加盐调味即可。

菊花
老鸡汤

 食材

老母鸡	1/2 只
菊花	10 克
枸杞子	5 克
冬虫夏草	10 克
西洋参	10 克
姜	5 克
盐	适量

制作过程

❶ 先把菊花、枸杞子用水浸泡，清洗干净；
老母鸡洗净。

❷ 冬虫夏草、西洋参洗净；姜去皮，洗净，
切成片。

❸ 将老母鸡、冬虫夏草和西洋参、姜片放在
砂锅里炖。

❹ 鸡汤炖到六七分熟时加入盐，倒入泡发的
菊花和枸杞子。

荔枝桂圆
鸡心汤

食材

鸡心	250 克
荔枝干	30 克
桂圆肉	30 克
盐	适量

制作过程

1 将鸡心剖开，清除淤血，洗净。

2 将荔枝干洗净；将桂圆肉洗净。

3 将适量清水放入煲内，煮沸后加入鸡心、荔枝干、桂圆肉。

4 大火煲滚后改用小火煲约 2 小时，加盐调味即可。

人参枸杞煲乳鸽

食材

乳鸽	1只
猪瘦肉	50克
鲜人参	20克
枸杞子	5克
姜片	10克
盐	1小匙
味精	1小匙
胡椒粉	适量
料酒	1大匙

制作过程

❶ 将鲜人参刷洗干净；将枸杞子用清水泡软，洗净、沥干；乳鸽洗净。

❷ 将猪瘦肉洗净，切成块，同乳鸽分别放入清水锅中焯去血水，捞出冲净。

❸ 砂锅置火上，加入适量清水，放入乳鸽、猪瘦肉块、鲜人参、枸杞子、姜片、料酒烧沸。

❹ 转小火煲约2小时，然后加入盐、味精、胡椒粉煮至入味即可。

熟地黄煲竹丝鸡

食材

竹丝鸡	1/2 只
熟地黄	15 克
大骨	100 克
红枣	10 个
姜片	10 克
盐	1 小匙
味精	1 小匙
白糖	1/2 小匙
料酒	2 小匙

制作过程

1 将竹丝鸡切成大块清洗干净；将熟地黄洗干净；将大骨切成块，洗净；姜片去皮，洗净；将红枣泡洗干净。

2 锅内加水，待水开时下入竹丝鸡块、大骨，煮去其中血水，捞起待用。

3 在瓦煲里加入竹丝鸡块、大骨块、姜片、熟地黄、红枣，注入清水，用大火煲约5分钟，改小火煲约1.5小时。

4 调入盐、味精、白糖、料酒，煲透即可。

土茯苓
煲鸭汤

 食 材

鸭子	1 只
绿豆	150 克
土茯苓	30 克
盐	适量

制 作 过 程

1 将鸭子洗净，斩成大块。

2 将绿豆用清水浸约 1 小时，洗净；将土茯苓洗净。

3 将适量清水放入煲内，煮沸后加入鸭块、绿豆、土茯苓。

4 大火煲滚后改用小火煲约 2 小时，加盐调味即可。

平菇
凤翅汤

食材

鲜平菇	250 克
鸡翅	500 克
蒜	5 粒
葱	5 克
姜片	3 克
枸杞子	适量
料酒	2 小匙
盐	1/2 小匙
香油	1 小匙
香菜叶	适量

制作过程

1

将鸡翅洗净，入沸水锅中焯透，捞出沥干。

2

将蒜去皮洗净，待用；香菜叶洗净。

3

将葱清洗干净，切成小段；将鲜平菇洗净，沥干水分切成条。

4

锅置火上加入鲜平菇条、料酒、葱段、姜片、蒜、盐、枸杞子，倒入少量清水煮沸。

5

煮沸的平菇汤倒入装有鸡翅的蒸锅中，蒸约 1 小时左右。

6

蒸至鸡翅膀肉一按即可离骨后，取出，淋入香油撒上香菜叶即可。

五珍养生鸡汤

食材

黄母鸡	1只
黄精	20克
枸杞子	20克
女贞子	20克
首乌	20克
旱莲草	15克
姜片	10克
葱段	10克
盐	1小匙
味精	1小匙
料酒	1大匙

制作过程

1 将黄精、女贞子、首乌、旱莲草分别洗净，均切碎，装入纱布袋中扎口，放入大碗中，加入温水浸泡。

2 将黄母鸡宰杀，洗涤整理干净，剁成3cm见方的块，放入清水锅中烧沸，焯去血水，捞出冲净；将姜片、葱段洗净；将枸杞子洗净。

3 汤锅置火上，放入鸡块、姜片、葱段、枸杞子和纱布袋，加入适量清水、料酒，用大火烧沸。

4 转小火炖约2小时至熟软，加入盐、味精续炖约20分钟，拣出纱包、葱段、姜片即可。

香菇
乳鸽汤

食材

乳鸽	2只
香菇	30克
姜片	5克
枸杞子	适量
盐	1小匙
胡椒粉	1小匙
料酒	1大匙

制作过程

❶ 将乳鸽宰杀，洗涤整理干净，放入清水锅中氽透，捞出沥干，放入汤盆中。

❷ 将香菇择洗干净；将姜片去皮；将枸杞子洗净。

❸ 在乳鸽盆中，加入清水、盐、料酒、姜片、香菇、枸杞子，上笼蒸至鸽肉熟烂，取出。

❹ 把乳鸽放入大汤碗中，整理好形状，再将汤汁倒入大汤碗中，然后撒上胡椒粉即可。

乌鸡
当归汤

食材

乌鸡	1 只
冬笋	25 克
水发香菇	25 克
当归	15 克
葱段	10 克
姜片	10 克
盐	1 小匙
熟鸡油	1 小匙
味精	适量
料酒	1 大匙

制作过程

1

将冬笋去皮、洗净，切成菱形片，用沸水略焯，捞出沥干；将当归用温水浸泡、洗净；将水发香菇去蒂、洗净。

2

将当归、水发香菇放入碗中加入料酒，上屉蒸 10 分钟取出。

3

将乌鸡剁去鸡爪，去掉鸡尖和内脏，洗涤整理干净；放入清水锅中略焯一下，捞出后用清水冲净。

4

乌鸡放入大碗中，加入清水淹没，放入葱段、姜片、当归，再放入冬笋片、水发香菇、料酒，盖上盖，入锅用大火蒸熟。

5

取出蒸好的乌鸡，放在另一汤碗中，再拣出葱段、姜片。

6

锅置火上，倒入蒸乌鸡的汤烧沸，撇去浮油和杂质，加盐、味精，淋入熟鸡油，倒在蒸好的乌鸡上即成。

鹌鹑煲海带

食材

鹌鹑	2 只
海带	300 克
葱段	10 克
姜片	10 克
枸杞子	10 克
盐	1/2 小匙
鸡精	1/2 小匙
香油	1 小匙
料酒	1 大匙
植物油	适量

制作过程

1 将海带洗净，切成细丝，再放入沸水锅中焯透，捞出沥干；枸杞子洗净。

2 将鹌鹑宰杀，洗涤整理干净，剁成大块，放入清水锅中烧沸，焯去血水，捞出沥干；将葱段、姜片洗净，切成丝，部分葱段切成末。

3 坐锅点火，加入植物油烧至六成热，先下入葱丝、姜丝炒香，再放入鹌鹑块、料酒煸炒至略干。

4 添入清水，放入枸杞子、海带丝烧沸，转小火炖煮约 30 分钟至鹌鹑熟透，加入盐、鸡精调好口味，淋入香油，撒上葱末即可。

白菜
老鸭汤

食 材

老鸭	1只
白菜片	100克
姜片	15克
葱段	10克
盐	适量
味精	适量
胡椒粉	适量
料酒	适量

制 作 过 程

1 将老鸭宰杀，去毛及内脏，放入清水中洗涤整理干净，沥干水分；将葱段、姜片洗净，待用。

2 锅中加入适量清水，放入老鸭烧沸，焯烫一下，捞出沥干水分；白菜片洗净，备用。

3 取一砂锅，放入老鸭，加入适量清水、姜片、葱段，置火上烧沸，再加入料酒、胡椒粉。

4 转小火煲约2小时，然后放入白菜片稍煮，加入盐、味精调味即可。

虫草花
煲鸡汤

食材

鸡	1只
猪瘦肉	250 克
虫草花	20 克
桂圆肉	20 克
盐	适量

制作过程

1 将鸡洗净，斩件；将猪瘦肉洗净，切成块，飞水。

2 将桂圆肉、虫草花分别浸泡约 30 分钟，洗净。

3 将适量清水放入煲内，煮沸后加入鸡肉块、猪瘦肉块、虫草花、桂圆肉。

4 大火煲滚后改用小火煲约 3 小时，加盐调味即可。

人参
乳鸽汤

食材

乳鸽	300 克
桂皮	10 克
人参	1 棵
枸杞子	5 克
姜片	5 片
盐	适量

制作过程

1 乳鸽去毛、内脏，洗净。

2 炒锅置于火上，倒入清水，下入乳鸽焯烫捞出。

3 另起锅，倒入清水，加入乳鸽、人参、枸杞子、桂皮、姜片、盐炖制 30 ~ 40 分钟即可。

胡萝卜鹌鹑汤

食材

鹌鹑	3 只
胡萝卜	300 克
百合	20 克
蜜枣	20 克
盐	适量

制作过程

1. 将胡萝卜去皮洗净，切块；将百合洗净。

2. 将鹌鹑去除内脏，洗净。

3. 将适量清水放入煲内，煮沸后加入鹌鹑、胡萝卜块、百合、蜜枣。

4. 大火煲滚后改用小火煲约 2 小时，加盐调味即可。

花生赤小豆
乳鸽汤

食材

乳鸽	2 只
花生	100 克
赤小豆	50 克
桂圆肉	25 克
盐	适量

制作过程

1 将乳鸽去毛、内脏，洗净，放入沸水锅中略焯下，沥干待用。

2 将花生、赤小豆提前浸泡，洗净；将桂圆肉洗净。

3 将适量清水放入煲内，煮沸后加入乳鸽、花生、赤小豆、桂圆肉。

4 大火煲滚后改用小火煲约 2 小时，加盐调味即可。

黄豆猪骨鸡脚汤

 食材

鸡脚	500 克
猪排骨	250 克
黄豆	50 克
红枣	20 克
姜片	10 克
盐	适量
香菜	适量

制作过程

❶ 将鸡脚切去趾甲，洗净，飞水；将猪排骨洗净，斩件，飞水。

❷ 将黄豆提前约 3 小时浸泡，洗净；将红枣洗净；姜片洗净。

❸ 将适量清水放入煲内，煮沸后加入鸡脚、猪排骨块、黄豆、红枣、姜片。

❹ 大火煲滚后改用小火煲约 2 小时，加盐调味，出锅加香菜点缀即可。

清补凉乳鸽汤

 食材

乳鸽	1只
猪瘦肉	250克
清补凉	1包
盐	适量

制作过程

❶ 将乳鸽处理干净，飞水；将猪瘦肉洗净，切成块，飞水。

❷ 将清补凉包用清水浸泡，洗净。

❸ 将适量清水放入煲内，煮沸后加入乳鸽、猪瘦肉块、清补凉包。

❹ 大火煲滚后改用小火煲约3小时，加盐调味即可。

田七母鸡汤

食材

母鸡	1只
田七	10克
枸杞子	适量
葱段	5克
姜片	5克
盐	1小匙
味精	1小匙
胡椒粉	1小匙
料酒	2大匙

制作过程

1 将母鸡洗净，剁去鸡爪，再放入清水锅中烧沸，焯煮约5分钟，捞出冲净；将葱段、姜片洗净。

2 将枸杞子用清水洗净；将田七放入清水中泡软，洗净沥干，切成薄片。

3 将枸杞子、田七片、葱段、姜片塞入鸡腹中，锅中加入清水、母鸡烧沸，再转小火炖煮约1.5小时。

4 加入胡椒粉、料酒、盐、味精炖至入味即可。

燕窝
鸡丝汤

食材

鸡胸肉	150 克
燕窝	6 克
红枣	10 克
盐	适量

制作过程

1 将燕窝浸泡，洗净。

2 将红枣去核，洗净，切片。

3 将鸡胸肉洗净，切丝。

4 将鸡胸肉丝、燕窝、红枣放入炖盅内，注入适量清水，隔水炖约 4 小时，加盐调味即可。

银耳蜜枣乳鸽汤

 食 材

乳鸽	1只
猪瘦肉	250克
银耳	2朵
蜜枣	15克
盐	适量

制 作 过 程

1 将乳鸽去毛、内脏，洗净；将猪瘦肉洗净，切成块。

2 将银耳泡发，撕成小朵，洗净。

3 将适量清水放入煲内，煮沸后加入乳鸽、猪瘦肉块、银耳、蜜枣。

4 大火煲滚后改用小火煲约2小时，加盐调味即可。

赤小豆
鹌鹑汤

 食 材

鹌鹑	1只
黑芝麻	20克
赤小豆	50克
桂圆肉	30克
蜜枣	15克
盐	适量

制 作 过 程

1 将赤小豆浸泡。

2 将鹌鹑去毛、内脏，洗净，飞水。

3 将适量清水注入煲内煮沸，放入鹌鹑、黑芝麻、赤小豆、桂圆肉、蜜枣。

4 煮开后改小火煲约3小时，加盐调味即可。

竹荪
乳鸽汤

食材

乳鸽	1 只
竹荪	10 克
枸杞子	10 克
水发口蘑	50 克
葱段	适量
姜片	适量
盐	适量
味精	适量
料酒	适量
香油	适量
熟猪油	1 大匙

制作过程

1 将乳鸽洗净，剁成小块，放入清水锅中烧沸、略焯，捞出沥干。

2 将竹荪洗净，切成小片；将枸杞子洗净；将水发口蘑撕朵、洗净。

3 将乳鸽块、竹荪片、枸杞子、水发口蘑、葱段、姜片放入砂锅中，加入适量清水、料酒烧沸。

4 转小火炖至鸽肉软烂，加入熟猪油、盐、味精炖约 20 分钟，拣出葱、姜，淋入香油即成。

竹笋香菇
土鸡汤

食 材

土鸡	1/2 只
干香菇	10 克
竹笋	2 根
红枣	适量
盐	1 小匙

制 作 过 程

1 将土鸡洗净，剁成小块；将竹笋去皮、洗净，切成段。

2 将干香菇用清水泡软，去蒂、洗净；将红枣洗净。

3 压力锅置火上，放入土鸡块、竹笋段、干香菇、红枣，加入适量清水，盖紧锅盖烧沸。

4 转中火焖炖约 10 分钟，打开锅盖，加入盐调味即可。

素菜清汤

三菇
鲜味汤

食材

蟹味菇	100 克
白玉菇	100 克
香菇	50 克
香葱末	适量
盐	适量

制作过程

1

蟹味菇去根，洗净。

2

白玉菇去根，洗净。

3

香菇去根，切成丁备用。

4

炒锅置火上，倒入清水，加入蟹味菇、白玉菇、香菇丁，煮至 10 ~ 15 分钟，加入香葱末、盐即可出锅。

海带汤

食材

海带	200 克
绿豆	50 克
冰糖	适量

制作过程

1 将海带放入淡水中泡 2～3 小时。

2 绿豆放入容器内加入清水泡制 1 小时。

3 炒锅置于火上，加入清水，熬至绿豆汤呈红色，加入海带、冰糖熬制 10 分钟左右即可出锅。

酸菜
皮蛋汤

食 材

皮蛋	4 个
酸菜	150 克
葱段	5 克
味精	适量
胡椒粉	适量
盐	适量

制 作 过 程

1 将皮蛋剥壳，切成 5 瓣。

2 将酸菜切成丝。

3 锅中加入适量清水烧开，下入酸菜丝、胡椒粉煮沸。

4 将皮蛋瓣放入酸菜汤中煮至入味，然后放入葱段稍煮，调入盐、味精即可。

桑寄生黑米
鸡蛋汤

 食 材

鸡蛋	1 个
桑寄生	30 克
黑米	30 克
蜜枣	15 克
盐	适量

制 作 过 程

❶ 将桑寄生、黑米洗净；将鸡蛋洗净。

❷ 将鸡蛋、蜜枣、桑寄生放入煲内煮约 30 分钟。

❸ 煲至鸡蛋熟透后，取出去壳。

❹ 将去壳鸡蛋与黑米一同放入煲内，煮开后煲约 1 小时，加盐调味即可。

素菜汤

食材

青菜心	100 克
盐	适量
味精	适量
植物油	适量

制作过程

1 将青菜心去根、去老叶，用清水洗净，沥去水分，切成小段。

2 锅置大火上，加入植物油烧至六成热。

3 放入青菜心段略炒，再加入清水烧沸。

4 加入盐调味，煮至青菜心熟嫩，加入味精即可。

鲜蘑菜心汤

食材

香菇	150 克
青菜心	100 克
花椒	适量
盐	2 小匙
酱油	2 小匙
味精	1 小匙
水淀粉	2 小匙
香油	1 小匙

制作过程

1 将青菜心择洗干净，放入沸水锅中焯烫一下，捞出漂凉，挤干水分，切成约 3cm 长的段。

2 将香菇去蒂、洗净，切成薄片，放入沸水锅中焯烫一下，捞出沥水。

3 锅中加入清水、酱油、盐、香菇片和青菜心段烧沸，加入味精，用水淀粉勾芡，倒入汤碗中。

4 锅中加入香油烧至五成热，放入花椒炸至黑色，捞出花椒不用，花椒油倒入汤碗中即可。

酸辣
鸡蛋汤

（食）（材）

鸡蛋	2 个
红彩椒	15 克
香菜	15 克
木耳	10 克
盐	1 小匙
酱油	1 小匙
米醋	1 小匙
水淀粉	1 小匙
香油	1 小匙

（制）（作）（过）（程）

1 将鸡蛋磕入大碗中搅拌均匀成鸡蛋液；木耳用清水泡发，撕成细条。

2 将香菜去根和老叶，洗净，切成小段；将红彩椒洗净，去蒂及籽，切成条。

3 锅置火上，加入适量清水，放入木耳条、红彩椒条、盐、米醋、酱油烧沸，撇去表面浮沫。

4 用水淀粉勾薄芡，再淋入鸡蛋液氽烫至定浆，起锅盛入汤碗中，然后撒上香菜段，淋入香油即可。

肉苁蓉豆腐芋头汤

 食 材

芋头	500 克
胡萝卜	250 克
豆腐	200 克
豆豉	50 克
肉苁蓉	20 克
盐	适量

 制 作 过 程

1 将胡萝卜去皮、洗净,切成块; 将芋头去皮、洗净,切成块。

2 将豆豉、肉苁蓉洗净; 将豆腐洗净切小方块。

3 将适量清水放入煲内,煮沸后加入芋头块、胡萝卜块、豆腐块、豆豉、肉苁蓉。

4 大火煲滚后改用小火煲约1小时,加盐调味即可。

阿胶鸡蛋汤

食材

鸡蛋	1个
阿胶	30克
冰糖	适量

制作过程

1. 在煲内注入适量清水煮沸。

2. 放入阿胶、冰糖。

3. 用中火煮至阿胶、冰糖完全溶化。

4. 打入鸡蛋,将鸡蛋搅成蛋花状,煮约10分钟即可。

丝瓜
粉丝汤

食 材

丝瓜	250 克
粉丝	25 克
葱段	10 克
盐	1/2 小匙
味精	适量
胡椒粉	1/2 小匙
植物油	适量

制 作 过 程

❶ 将丝瓜洗净,切成滚刀块;将粉丝用温水泡软;将葱段洗净,待用。

❷ 锅置火上,加入植物油烧热,先下入葱段爆香,再放入丝瓜块炒拌均匀。

❸ 加入适量清水烧沸片刻,放入粉丝稍煮。

❹ 加入盐、味精、胡椒粉调好口味即可。

三鲜
豆腐汤

食材

豆腐	500 克
小白菜	100 克
香菇	30 克
姜片	5 片
盐	适量
香油	适量

制作过程

1 小白菜洗净，一开二备用。

2 将香菇洗净，去根，在顶部斜刀切成 4 块。

3 豆腐切成 4cm 左右长，高 2cm 左右，宽 1cm 左右的大块。

4 炒锅置于火上，倒入清水，加入姜片，香菇块煮制 5 分钟。

5 加入豆腐块、盐炖制 5 分钟。

6 加入小白菜、香油，即可出锅。

胡椒姜蛋汤

食材

鸡蛋	4 个
胡椒	10 克
姜	30 克
盐	适量
花生油	适量

制作过程

1 把胡椒洗净、拍碎；把姜去皮，洗净，用刀拍一下。

2 烧锅下花生油、姜块。

3 将鸡蛋去壳，入锅煎至呈金黄色。

4 加入适量沸水，放入胡椒，用中火煮约30分钟，加盐调味即可。

番茄
蛋花汤

 食 材

鸡蛋	3 个
番茄	2 个
胡椒粉	适量
味精	适量
姜片	适量
盐	适量
植物油	适量
香油	1 小匙
水淀粉	1 小匙

 制 作 过 程

1 将鸡蛋打入碗内，调成蛋液。

2 将味精、胡椒粉、香油先放入汤碗内；将番茄洗净后切成块。

3 炒锅置火上，倒入植物油、姜片炒香，加入清水、盐烧沸。

4 淋入蛋液做成蛋片，加入番茄块略煮，用水淀粉勾芡，倒入汤碗内即可。

奶汤
娃娃菜

食材

娃娃菜	300 克
牛奶	240ml
枸杞子	适量
盐	适量

制作过程

1

娃娃菜洗净，切成块。

2

炒锅置于火上，加入清水，待水开后加入娃娃菜块，焯烫 2 分钟，捞出沥水备用。

3

另起锅，加入牛奶，倒入适量清水，加入盐、娃娃菜、枸杞子，煮至 3 ~ 5 分钟。

4

汤烧沸，倒入碗中即可（全程需用中火煮制）。

丝瓜芽豆腐汤

食材

丝瓜芽	100 克
豆腐	200 克
盐	适量

制作过程

1. 丝瓜芽洗净，切成小段备用。

2. 豆腐切成 2cm 见方的小块备用。

3. 炖锅置于火上，倒入清水，加入豆腐块，待水开后加入盐。

4. 中火炖至 10 分钟，加入丝瓜芽段，待丝瓜芽段熟后即可出锅。

小白菜
豆腐汤

 食材

豆腐	300 克
小白菜	200 克
枸杞子	适量
姜片	5 片
盐	适量

制作过程

1 将小白菜洗净，去根，切成段

2 豆腐切开，切片备用。

3 炒锅置于火上，倒入清水，加入豆腐片、小白菜段、姜片、枸杞子，煮制 10 分钟，加入盐，再煮制 3 分钟即可出锅。

糖水甜汤

红薯百合
莲子羹

食材

红薯	2 个
百合	25 克
莲子	25 克
枸杞子	6 克
冰糖	10 颗
水淀粉	适量

制作过程

1

红薯洗净去皮。

2

将红薯切成滚刀块。

3

将莲子放入大碗中倒入清水浸泡。

4

将锅中倒入清水，放入切好的红薯块。

5

放入莲子、枸杞子和冰糖。

6

把红薯和莲子煮至软烂。

7

放入百合，加入水淀粉搅拌均匀即可。

陈皮梨汤

食材

梨	1 个
陈皮	5 克
枸杞子	8 克
冰糖	适量

制作过程

1 将梨洗净切开。

2 将梨核去除。

3 将梨切成滚刀块。

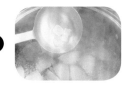

4 将梨、陈皮放入装有清水中的锅中，放入冰糖改小火炖煮至软烂。

5 临出锅时放入枸杞子即可。

冰糖银耳
炖雪梨

食材

银耳	10 克
雪梨	1 个
冰糖	10 粒
红枣	10 克
枸杞子	6 克

制作过程

❶

银耳放入大碗中倒入足量的清水将其泡发。

❷

将银耳的硬底去掉。

❸

银耳撕成小朵。

❹

雪梨去蒂。

❺

雪梨切成小块。

❻

银耳放入盛有清水的锅中。

❼

雪梨放入锅中。

❽

将冰糖、红枣放入锅中烧沸后转小火炖煮1 小时，临出锅时放入枸杞子即可。

凉薯薏米
红豆汤

食材

凉薯	1 个
红豆	150 克
薏米	150 克
蜂蜜	适量

制作过程

1 凉薯洗净，将距凉薯尾部三分之一处切下备用。

2 将凉薯内的瓤挖出。

3 红豆、薏米放入清水中浸泡。

4 将红豆、薏米放入锅中，倒入清水煮熟。

5 用勺子将锅中的杂质撇净。

6 把煮熟的红豆、薏米和汤放入凉薯中。

7 将凉薯放入蒸锅中，然后盖上之前切下的另一半凉薯，蒸 25 分钟。

8 食用时还可加入蜂蜜。

冬瓜莲子
绿豆汤

绿豆	200 克
冬瓜	100 克
莲子	20 克
枸杞子	10 克
冰糖	适量

制 作 过 程

❶ 绿豆放入容器内，倒入清水泡发。

❷ 莲子放入容器内，倒入清水泡发。

❸ 冬瓜去皮、去瓤，切成小方块备用。

❹ 炒锅置于火上，倒入清水，加入绿豆熬制绿豆开花（也就是绿豆崩开），加入莲子、冬瓜块、冰糖、枸杞子熬制 10 分钟即可出锅。

黑芝麻糊

食材

黑芝麻	300
糯米粉	200 克
白糖	适量

制作过程

1 炒锅调至小火，将黑芝麻放入锅中慢慢翻炒。

2 将黑芝麻炒出香味后盛出凉凉。

3 将糯米粉放入炒锅中用小火慢慢炒。

4 待糯米粉炒至微黄色时盛出。

5 将炒好的黑芝麻放入石臼中将其捣碎。

6 食用时黑芝麻和糯米粉的比例按照 2:1，倒入开水搅拌均匀成糊状。

7 依个人的口味放入白糖即可食用了。

南瓜
长寿汤

食材

南瓜	500 克
胡萝卜	100 克
玉米粒	50 克
青豆	50 克
玫瑰花瓣	适量
盐	适量
鸡精	适量
白糖	适量
黄油	适量
面粉	适量

制作过程

1

将玉米粒、青豆分别洗净，沥去水分；锅中加入适量清水烧开，下入玉米粒、青豆煮沸，捞出；将南瓜削去外皮，切开后去掉瓜瓤，洗净，切成大块。

2

将胡萝卜去根，削去外皮，洗净，切成滚刀块。

3

锅中加水烧沸，放入南瓜块和胡萝卜块稍煮，捞出沥水。

4

将南瓜块和胡萝卜块分别放入搅拌器内，加上少许清水，用中速搅打成蓉。

5

净锅置火上，加入黄油烧至熔化，放入面粉炒至呈金黄色，再倒入南瓜蓉和胡萝卜蓉烧至沸腾。

6

加入玉米粒、青豆、盐、白糖、鸡精拌匀；出锅盛入汤碗中，上放玫瑰花瓣加以点缀即成。

油炒面

食材

面粉	400 克
红糖	适量
白糖	适量
白芝麻	10 克
花生	20 克

制作过程

3 面粉倒入碗内后，加入白糖、红糖、白芝麻。

4 倒入热水，用筷子慢慢搅匀，撒上花生碎即可。

1 花生按压碎，去皮备用。

2 炒锅置于火上，倒入面粉，小火炒至面粉变微黄色即可加入一部分的花生碎，另一部分倒入碗内备用。

鲜莲银耳汤

食材

银耳	20 克
莲子	20 克
枸杞子	适量
盐	1 小匙
味精	1/2 小匙
白糖	1 小匙
料酒	适量

制作过程

1 将银耳用温水泡发，去蒂、洗净，撕成小朵，放入碗中，加入清水，放入锅中蒸透，取出；枸杞子泡发，洗净。

2 将莲子剥去青皮和一层嫩白皮，切去两头，捅去莲子心，放入沸水锅中焯透，捞出沥干。

3 将沥干的莲子与银耳、枸杞子放入大碗中。

4 锅中加入清水烧沸，再加入料酒、盐、白糖、味精调味，出锅倒入银耳碗中即可。

雪梨
瘦肉汤

猪瘦肉	500 克
雪梨	250 克
蜜枣	10 克
盐	适量

制作过程

1 将猪瘦肉洗净，切成厚片，放入沸水锅中略焯下，捞出沥干。

2 将雪梨去核，洗净切块。

3 将适量清水放入煲内，煮沸后加入猪瘦肉片、雪梨块、蜜枣。

4 大火煲滚后改用小火煲约 1.5 小时，加盐调味即可。

决明
菊花茶

 食 **材**

决明子	20 克
菊花	15 克

制 **作** **过** **程**

1 砂锅置于火上，倒入清水，加入决明子煮制 5 分钟，加入菊花煮制 3 分钟。

2 待水色泽洪亮，即可出锅倒入杯中。

防暑
三豆饮

食 材

黄豆	50 克
绿豆	50 克
红豆	50 克
冰糖	适量

制 作 过 程

❶ 将黄豆、绿豆、红豆分别放入容器内加入清水泡发。

❷ 炒锅置于火上，倒入清水，加入绿豆、红豆熬制 20 ~ 30 分钟。

❸ 加入黄豆、冰糖熬制 20 分钟左右即可出锅。

花椒
红糖饮

食材

花椒	适量
红糖	适量

制作过程

1 砂锅置于火上，倒入清水，加入花椒熬制
10 分钟左右。

2 将红糖放入杯中，将熬好的花椒水倒入，
用筷子搅拌均匀即可饮用。

罗汉果茶

 食 材

罗汉果　　　　　　20克

 制 作 过 程

1 将罗汉果外皮去掉备用。

2 砂锅置于火上，倒入清水，加入罗汉果。

3 熬制15分钟左右，即可出锅装入杯中。

蜂蜜大枣茶

食材

大枣	20 克
蜂蜜	适量

制作过程

1 大枣放入杯中，倒入蜂蜜。

2 烧一壶开水，放置 10 分钟左右，略凉即可倒入杯中冲泡。

薄荷
柠檬茶

 食 材

柠檬	1个
薄荷	适量
冰块	适量

制 作 过 程

❶ 薄荷挑选嫩叶，洗净备用。

❷ 柠檬切片放入杯中，加入冰块。

❸ 加入薄荷，倒入饮用水，浸泡3分钟，
即可饮用。

开胃
山楂饮

食材

山楂	50 克
冰糖	适量

制作过程

1 砂锅置于火上，倒入清水，烧开后，加入山楂煮制 10 分钟左右。

2 加入冰糖熬制 5 分钟，倒入杯中即可饮用。

香蜜
柠檬饮

食材

| 柠檬 | 1 个 |
| 蜂蜜 | 适量 |

制作过程

1 将柠檬顶刀切片，放入容器内。

2 加入蜂蜜，倒入清水即可饮用。

冰糖双耳

食 材

黑木耳	6 克
银耳	6 克
冰糖	20 克
枸杞子	6 克
红枣	20 克

制 作 过 程

❶

黑木耳放入碗中加入足量的清水将其泡发。

❷

银耳放入碗中倒入足量清水泡发。

❸

将泡发的银耳的硬底去掉。

❹

银耳撕成小朵。

❺

黑木耳撕成小朵。

❻

锅中放入清水，加入银耳、黑木耳。

❼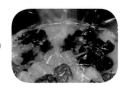

加入冰糖、红枣煮沸后转小火煮1小时后，临出锅时加入枸杞子即可。

好书推荐

西餐教科书

烘焙教科书